凝固诗画——塑雕

苏州园林园境系列

曹林娣 ◎ 主编

曹林娣
邱美
丁晨

◎ 著

中国电力出版社
CHINA ELECTRIC POWER PRESS

内容提要

《苏州园林园境系列》是多方位地挖掘苏州园林文化内涵，并对园林及具体装饰构件进行文化阐释的专门性著作。苏州园林中的堆塑、砖雕、石雕等图案，以其姿态各异的优美造型，给予人们美的视觉冲击，其蕴含的美好生活理想，也激发了人们对生活美的憧憬。本书精选了苏州园林塑雕图案 670 多例，分为堆塑（上、下）、砖雕（上、下）、石雕（上、下）、塑雕技艺 7 章，前 6 章均以图案的基本类型编排。

图书在版编目（CIP）数据

苏州园林园境系列. 凝固诗画·塑雕 / 曹林娣，邱美，丁晨著；曹林娣主编. —北京：中国电力出版社，2021.9（2023.5 重印）

ISBN 978-7-5198-5380-8

Ⅰ. ①苏…　Ⅱ. ①曹…②邱…③丁…　Ⅲ. ①古典园林—园林艺术—苏州　Ⅳ. ① TU986.625.33

中国版本图书馆 CIP 数据核字（2021）第 031515 号

出版发行：中国电力出版社
地　　址：北京市东城区北京站西街 19 号（邮政编码 100005）
网　　址：http://www.cepp.sgcc.com.cn
责任编辑：曹　巍　（010-63412609）
责任校对：黄　蓓　常燕昆
书籍设计：锋尚设计
责任印制：杨晓东

印　　刷：北京瑞禾彩色印刷有限公司
版　　次：2021 年 9 月第一版
印　　次：2023 年 5 月北京第二次印刷
开　　本：787 毫米 ×1092 毫米　16 开本
印　　张：18.25
字　　数：372 千字
定　　价：88.00 元

凝固诗画——塑雕

总序

序一

序二

《苏州园林园境》系列，是多方位地挖掘苏州园林文化内涵，并对园林及具体装饰构件进行文化阐释的专业性著作。首先要厘清的基本概念是何谓"园林"。《佛罗伦萨宪章》[①] 用词源学的术语来表达"历史园林"的定义是：园林"就是'天堂'，并且也是一种文化、一种风格、一个时代的见证，而且常常还是具有创造力的艺术家独创性的见证"。明确地说：园林是人们心目中的"天堂"；园林也是艺术家创作的艺术作品。

但是，诚如法国史学家兼文艺批评家伊波利特·丹纳（Hippolyte Taine，1828—1893）在《艺术哲学》中所言，文艺作品是"自然界的结构留在民族精神上的印记"。世界各民族心中构想的"天堂"各不相同，相比构成世界造园史中三大动力的古希腊、西亚和中国 [②] 来说：古希腊和西亚属于游牧和商业文化，是西方文明之源，实际上都溯源于古埃及。位于"热带大陆"的古埃及，国土面积的 96% 是沙漠，唯有尼罗河像一条细细的绿色缎带，所以，古埃及人有与生俱来的"绿洲情结"。尼罗河泛滥水退之后丈量耕地、兴修水利以及计算仓廪容积等的需要，促进

① 国际古迹遗址理事会与国际历史园林委员会于 1981 年 5 月 21 日在佛罗伦萨召开会议，决定起草一份将以该城市命名的历史园林保护宪章即《佛罗伦萨宪章》，并由国际古迹遗址理事会于 1982 年 12 月 15 日登记作为涉及有关具体领域的《威尼斯宪章》的附件。

② 1954 年在维也纳召开世界造园联合会（IFLA）会议，英国造园学家杰利科（G. A. Jellicoe）致辞说：世界造园史中三大动力是古希腊、西亚和中国。

了几何学的发展。古希腊继承了古埃及的几何学。哲学家柏拉图曾悬书门外："不通几何学者勿入。"因此，"几何美"成为西亚和西方园林的基本美学特色；基于植物资源的"内不足"，胡夫金字塔和雅典卫城的石构建筑，成为石质文明的代表；"政教合一"的西亚和欧洲，神权高于或制约着皇权，教堂成为最美丽的建筑，而"神体美"成为建筑柱式美的标准……

中国文化主要属于农耕文化，中国陆地面积位居世界第三：黄河流域的粟作农业成为春秋战国时期齐鲁文化即儒家文化的物质基础，质朴、现实；长江流域的稻作农业成为楚文化即道家文化的物质基础，飘逸、浪漫。[①]

我国的"园林"，不同于当今宽泛的"园林"概念，当然也不同于英、美各国的园林观念（Garden、Park、Landscape Garden）。

科学家钱学森先生说："园林毕竟首先是一门艺术……园林是中国的传统，一种独有的艺术。园林不是建筑的附属物……国外没有中国的园林艺术，仅仅是建筑物上附加一些花、草、喷泉就称为'园林'了。外国的 Landscape（景观）、Gardening（园技）、Horticulture（园艺）三个词，都不是'园林'的相对字眼，我们不能把外国的东西与中国的'园林'混在一起……中国的'园林'是他们这三个方面的综合，而且是经过扬弃，达到更高一级的艺术产物。"[②]

中国艺术史专家高居翰（James Cahill）等在《不朽的林泉·中国古代园林绘画》（*Garden Paintings in Old China*）一书中也说："一座园林就像一方壶中天地，园中的一切似乎都可以与外界无关，园林内外仿佛使用着两套时间，园中一日，世上千年。就此意义而言，园林便是建造在人间的仙境。"[③]

孟兆祯院士称园林是中国文化"四绝"之一，是特殊的文化载体，它们既具有形的物质构筑要素，诸如山、水、建筑、植物等，作为艺术，又是传统文化的历史结晶，其核心是社会意识形态，是民族的"精神产品"。

苏州园林是在咫尺之内再造乾坤设计思想的典范，"其艺术、自然与哲理的完美结合，创造出了惊人的美和宁静的和谐"，九座园林相继被列入了世界文化遗产名录。

苏州园林创造的生活境域，具有诗的精神涵养、画的美境陶冶，同时渗透着生态意识，组成中国人的诗意人生，构成高雅浪漫的东方情调，体现了罗素称美的"东方智慧"，无疑是世界艺术瑰宝、中华高雅文化的经典。经典，积淀着中华民族最深沉的精神追求，包含着中华民族最根本的精神基因，代表着中华民族独特的精神标识，正是中华文化独特魅力之所在！也正是民族得以延续的精神血脉。

但是，就如陈从周先生所说："苏州园林艺术，能看懂就不容易，是经过几代人的琢磨，又有很深厚的文化，我们现代的建筑

① 蔡丽新主编，曹林娣著：《苏州园林文化》《江苏地方文化名片丛书》，南京：南京大学出版社，2015年，第1-2页。

② 钱学森：《园林艺术是我国创立的独特艺术部门》，选自《城市规划》1984年第1期，系作者1983年10月29日在第一期市长研究班上讲课的内容的一部分，经合肥市副市长、园林专家吴翼根据录音整理成文字稿。

③ 高居翰，黄晓，刘珊珊：《不朽的林泉·中国古代园林绘画》，生活·读书·新知三联书店，2012年，第44页。

师们是学不会，也造不出了。"阮仪三认为，不经过时间的洗磨、文化的熏陶，单凭急功近利、附庸风雅的心态，"造园子想一气呵成是出不了精品的"。①

基于此，为了深度阐扬苏州园林的文化美，几年来，我们沉潜其中，试图将其如实地和深入地印入自己的心里，来"移己之情"，再将这些"流过心灵的诗情"放射出去，希望以"移人之情"。

我们竭力以中国传统文化的宏通视野，对苏州园林中的每一个细小的艺术构件进行精细的文化艺术解读，同时揭示含蕴其中的美学精髓。诚如宗白华先生在《美学散步》中所说的：

> 美对于你的心，你的"美感"是客观的对象和存在。你如果要进一步认识她，你可以分析她的结构、形象、组成的各部分，得出"谐和"的规律、"节奏"的规律、表现的内容、丰富的启示，而不必顾到你自己的心的活动，你越能忘掉自我，忘掉你自己的情绪波动、思维起伏，你就越能够"漱涤万物，牢笼百态"（柳宗元语），你就会像一面镜子，像托尔斯泰那样，照见了一个世界，丰富了自己，也丰富了文化。②

本系列名《苏州园林园境》，这个"境"指的是境界，是园景之"形"与园景之"意"相交融的一种艺术境界，呈现出来的是情景交融、虚实相生、活跃着生命律动的韵味无穷的诗意空间，人们能于有形之景兴无限之情，反过来又生不尽之景，迷离难分。"景境"有别于渊源于西方的"景观"，"景观"一词最早出现在希伯来文的《圣经》旧约全书中，含义等同于汉语的"风景""景致""景色"，等同于英语的"scenery"，是指一定区域呈现的景象，即视觉效果。

苏州园林是典型的文人园，诗文兴情以构园，是清代张潮《幽梦影·论山水》中所说的"地上之文章"，是为情而构的文人主题园。情能生文，亦能生景，园林中沉淀着深刻的思想，不是用山水、建筑、植物拼凑起来的形式美构图！

《苏州园林园境》系列由七本书组成：

《听香深处——魅力》一书，犹系列开篇，全书八章，首先从滋育苏州园林的大吴胜壤、风华千年的历史，全面展示苏州园林这一文化经典锻铸的历程，犹如打开一幅中华文明的历史画卷；接着从园林反映的人格理想、摄生智慧、心灵滋养、艺术品格诸方面着笔，多方面揭示了苏州园林作为中华文化经典、世界艺术瑰宝的价值；又从苏州园林到今天的园林苏州，说明苏州园林文化艺术在当今建设美丽中华中的勃勃生命力；最后一章的余韵流芳，写苏州园

① 阮仪三：《江南古典私家园林》，南京：译林出版社，2012年，第267页。

② 宗白华：《美学散步（彩图本）》，上海：上海人民出版社，2015年，第17页。

总序

林已经走出国门，成为中华文化使者，惊艳欧洲、植根日本，并落户北美，成为异国他乡的永恒贵宾，从而展示了苏州园林的文化魅力所在。

《景境构成——品题》一书，诠释园林显性的文学体裁——匾额、摩崖和楹联，并一一展示实景照，介绍书家书法特点，使人们在诗境的涵养中，感受到"诗意栖居"的魅力！品题内容涉及社会历史、人文及形、色、情、感、时、节、味、声、影等，品题词句大多是从古代诗文名句中撷来的精英，或从风景美中提炼出来的神韵、典雅、含蓄，立意深邃、情调高雅。它们是园林景境的说明书，也是园主心灵的独白；透露了造园设景的文学渊源，将园景作了美的升华，是园林风景的一种诗化，也是中华文化的缩影。徜徉园中，识者能从园里的境界中揣摩玩味，从中获得中国古典诗文的醇香厚味。

《含情多致——门窗》《透风漏月——花窗》①《吟花席地——铺地》《木上风华——木雕》《凝固诗画——塑雕》五书，收集了苏州园林门窗（包括花窗）、铺地、脊塑墙饰、石雕、裙板雕梁等艺术构建上美轮美奂的装饰图案，进行文化解读。这些图案，一一附丽于建筑物上，有的原为建筑物件，随着结构功能的退化，逐渐演化为纯装饰性构件，建筑装饰不仅赋予建筑以美的外表，更赋予建筑以美的灵魂。康德在《判断力批判》"第一四节"中说：

在绘画、雕刻和一切造型艺术里，在建筑和庭园艺术里，就它们是美的艺术来说，本质的东西是图案设计，只有它才不是单纯地满足感官，而是通过它的形式来使人愉快，所以只有它才是审美趣味的最基本的根源。②

古人云：言不尽意，立象以尽意。符号使用有时要比语言思维更重要。这些图案无一不是中华文化符码，因此，不仅将精美的图案展示给读者，而且对这些文化符码一一进行"解码"，即挖掘隐含其中的文化意义和形成这些文化意义的缘由。这些文化符号，是中华民族古老的记忆符号和特殊的民族语言，具有丰富的内涵和外延，在一定意义上可以说是中华民族的心态化石。书中图案来自苏州最经典园林的精华，我们对苏州经典园林都进行了地毯式的收集并筛选，适当增加苏州小园林中比较有特色的图案，可以代表中国文人园装饰图案的精华。

由以上文化符号，组成人化、情境化了的"物境"，生动直观，且与人们朝夕相伴，不仅"养目"，而且通过文化的"视觉传承"以"养心"，使人在赏心悦目的艺境陶冶中，培养情操，涤胸洗襟，精神境界得以升华。

① "花窗"应该是"门窗"的一个类型，但因为苏州园林"花窗"众多，仅仅沧浪亭一园就有108式，为了方便在实际应用中参考，故将"花窗"从"门窗"中分出，另为一书。

② 转引自朱光潜：《西方美学史》下卷，北京：人民文学出版社，1964年版，第18页。

意境隽永的苏州园林展现了中华风雅的生活境域和生存智慧，也彰显了中华文化对尊礼崇德、修身养性的不懈追求。

苏州园林一园之内，楼无同式，山不同构、池不重样，布局旷如、奥如，柳暗花明，处处给人以审美惊奇，加上举目所见的美的画面和异彩纷呈的建筑小品和装饰图案，有效地避免了审美疲劳。

朱光潜先生说过："心理印着美的意象，常受美的意象浸润，自然也可以少存些浊念……一切美的事物都有不令人俗的功效。"①

诚如台湾学者贺陈词在黄长美《中国庭院与文人思想》的序中指出的，"中国文化是唯一把庭园作为生活的一部分的文化，唯一把庭园作为培育人文情操、表现美学价值、含蕴宇宙观人生观的文化，也就是中国文化延续四千多年于不坠的基本精神，完全在庭园上表露无遗。"②

苏州园林是融文学、戏剧、哲学、绘画、书法、雕刻、建筑、山水、植物配植等艺术于一炉的艺术宫殿，作为中华文化的综合艺术载体，可以挖掘和解读的东西很多，本书难免挂一漏万，错误和不当之处，还望识者予以指正。

① 朱光潜：《把心磨成一面镜：朱光潜谈美与不完美》，北京：中国轻工业出版社，2017年版，第185页。

② 黄长美：《中国庭院与文人思想》序，台北：明文书局，1985年版，第3页。

曹林娣
辛丑桐月于苏州南林苑寓所

世界遗产委员会评价苏州园林是在咫尺之内再造乾坤设计思想的典范，"其艺术、自然与哲理的完美结合，创造出了惊人的美和宁静的和谐"，而精雕细琢的建筑装饰图案正是创造"惊人的美"的重要组成部分。

中国建筑装饰复杂而精微，在世界上是无与伦比的。早在商周时期我国就有了砖瓦的烧制；春秋时建筑就有"山节藻梲"；秦有花砖和四象瓦当；汉画像砖石、瓦当图文并茂，还出现带龙首兽头的栏杆；魏晋建筑装饰兼容了佛教艺术内容；刚劲富丽的隋唐装饰更具夺人风采；宋代装饰与建筑有机结合；明清建筑装饰风格沉雄深远；清代中叶以后西洋建材应用日多，但装饰思想大多向传统皈依，纹饰趋向繁缛琐碎，但更细腻。

本系列涉及的苏州园林建筑装饰，既包括木装修的内外檐装饰，也包括从属于建筑的带有装饰性的园林细部处理及小型的点缀物等建筑小品，主要包括：精细雅丽的苏式木雕，有浮雕、镂空雕、立体圆雕、锼空雕刻、镂空贴花、浅雕等各种表现形式，饰以古拙、幽雅的山水、花卉、人物、书法等雕刻图案；以绮、妍、精、绝称誉于世的砖雕，有平面雕、浮雕、透空雕和立体形多层次雕等；石雕，分直线凿雕、花式平面线雕、阳雕、阴雕、浮雕、深雕、透雕等类；脊饰，诸如龙吻脊、鱼龙脊、哺龙脊、哺鸡脊、纹头脊、甘蔗脊等，以及垂脊上的祥禽、瑞兽、仙卉，绚丽多姿；被称为"凝固的舞蹈""凝固的诗句"的堆塑、雕塑等，展现三维空间形象艺术；变化多端、异彩纷呈的漏窗；"吟花席地，醉月铺毡"的铺地；各式洞门、景窗，可以产生"触景生奇，含情多致，轻纱环碧，弱柳窥青"艺术效果的门扇窗棂等。这些凝固在建筑上的辉煌，足可使苏州香山帮的智慧结晶彪炳史册。

园林的建筑装饰主要呈现出的是一种图案美，这种图案美是一种工艺美，是科技美的对象化。它首先对欣赏者产生视觉冲击力。梁思成先生说：

> 然而艺术之始，雕塑为先。盖在先民穴居野处之时，必先凿石为器，以谋生存；其后既有居室，乃作绘事，故雕塑之术，实始于石器时代，艺术之最古者也。[1]

1930 年，他在东北大学演讲时曾不无遗憾地说，我国的雕塑艺术，"著名学者如日本之大村西崖、常盘大定、关野贞，法国之伯希和（Paul Pelliot）、沙畹（Édouard Émmdnnuel Chavannes），瑞典之喜龙仁（Prof Osrald Sirén），俱有著述，供我南车。而国人之著述反无一足道者，能无有愧？"[2]

叶圣陶先生在《苏州园林》一文中也说：

> 苏州园林里的门和窗，图案设计和雕镂琢磨工夫都是工艺美术的上品。大致说来，那些门和窗尽量工细而决不庸俗，即使简朴而别具匠心。四扇，八扇，十二扇，综合起来看，谁都要赞叹这是高度的图案美。

苏州园林装饰图案，更是一种艺术符号，是一种特殊的民族语言，具有丰富的内涵和外延，催人遐思、耐人涵咏，诚如清人所言，一幅画，"与其令人爱，不如使人思"。苏州园林的建筑装饰图案题材涉及天地自然、祥禽瑞兽、花卉果木、人物、文字、古器物，以及大量的吉祥组合图案，既反映了民俗精华，又映射出士大夫文化的儒雅之气。"建筑装饰图案是自然崇拜、图腾崇拜、祖先崇拜、神话意识等和社会意识的混合物。建筑装饰的品类、图案、色彩等反映了大众心态和法权观念，也反映了民族的哲学、文学、宗教信仰、艺术审美观念、风土人情等，它既是我们可以感知的物化的知识力量构成的物态文化层，又属于精神创造领域的文化现象。中国古典园林建筑上的装饰图案，密度最高，文化容量最大，因此，园林建筑成为中华民族古老的记忆符号最集中的信息载体，在一定意义上可以说是中华民族的'心态化石'。"[3]苏州园林的建筑装饰图案不啻一部中华文化"博物志"。

① 梁思成：《中国雕塑史》，天津：百花文艺出版社，1998 年，第 1 页。

② 同上，第 1-2 页。

③ 曹林娣：《中国园林文化》，北京：中国建筑工业出版社，2005 年，第 203 页。

美国著名人类学家 L. A. 怀德说"全部人类行为由符号的使用所组成，或依赖于符号的使用"[1]，才使得文化（文明）有可能永存不朽。符号表现活动是人类智力活动的开端。从人类学、考古学的观点来看，象征思维是现代心灵的最大特征，而现代心灵是在距今五万年到四十万年之间的漫长过程中形成的。象征思维能力是比喻和模拟思考的基础，也是懂得运用符号，进而发展成语言的条件。"一个符号，可以是任意一种偶然生成的事物（一般都是以语言形态出现的事物），即一种可以通过某种不言而喻的或约定俗成的传统或通过某种语言的法则去标示某种与它不同的另外的事物。"[2] 也就是雅各布森所说的通过可以直接感受到的"指符"（能指），可以推知和理解"被指"（所指）。苏州园林装饰图案的"指符"是容易被感知的，但博大精深的"被指"，却留在了古人的内心，需要我们去解读，去揭示。

一

苏州园林建筑的装饰符号，保留着人类最古老的文化记忆。原始人类"把它周围的实在感觉成神秘的实在：在这种实在中的一切不是受规律的支配，而是受神秘的联系和互渗律的支配"。[3]

早期的原始宗教文化符号，如出现在岩画、陶纹上的象征性符号，往往可以溯源于巫术礼仪，中国本信巫，巫术活动是远古时代重要的文化活动。动物的装饰雕刻，源于狩猎巫术的特殊实践。旧石器时代的雕刻美术中，表现动物的占到全部雕刻的五分之四。发现于内蒙古乌拉特中旗的"猎鹿"岩画，"是人类历史上最早的巫术与美术的联袂演出"[4]。世界上最古老的岩画是连云港星图岩画，画中有天圆地方观念的形象表示；"蟾蜍驮鬼"星象岩画是我国最早的道教"阴阳鱼"的原型和阴阳学在古代地域规划上的运用。

甘肃成县天井山麓鱼窍峡摩崖上刻有汉灵帝建宁四年（171年）的《五瑞图》，是我国现存最早的石刻吉祥图。

吴越地区陶塑纹饰多为方格宽带纹、弧线纹、绳纹和篮纹、波浪纹等，尤其是弧线纹和波浪纹，更可看出是对天（云）和地（水）崇拜的结果。而良渚文化中的双目锥形足和鱼鳍形足的陶鼎，不但是夹砂陶中的代表性器具，也是吴越地区渔猎习俗带来的对动物（鱼）崇拜的美术表现。[5]

海岱地区的大汶口—山东龙山文化，虽也有自己的彩绘风格和彩陶器，但这一带史前先民似乎更喜欢用陶器的造型来表达自己的审美情趣和崇拜习俗。呈现鸟羽尾状的带把器，罐、瓶、壶、

① ［美］L. A. 怀德：《文化科学》，曹锦清，等译，杭州：浙江人民出版社，1988年，第21页。

② ［美］艾恩斯特·纳盖尔：《符号学和科学》，选自蒋孔阳主编《二十世纪西方美学名著选》（下），上海：复旦大学出版社，1988年，第52页。

③ ［法］列维·布留尔：《原始思维》，北京：商务印书馆1981年，第238页。

④ 左汉中：《中国民间美术造型》，长沙：湖南美术出版社，1992年，第70页。

⑤ 姜彬：《吴越民间信仰民俗》，上海：上海文艺出版社，1992年，第472-473页。

盖之上鸟喙状的附纽或把手，栩栩如生的鸟形鬶和风靡一个时代的鹰头鼎足，都有助于说明史前海岱之民对鸟的崇拜。①

鸟纹经过一段时期的发展，变成大圆圈纹，形象模拟太阳，可称之为拟日纹。象征中国文化的太极阴阳图案，根据考古发现，它的原形并非鱼形，而是"太阳鸟"鸟纹的大圆圈纹演变而来的符号。

彩陶中的几何纹诸如各种曲线、直线、水纹、漩涡纹、锯齿纹等，都可看作是从动物、植物、自然物以及编织物中异化出来的纹样。如菱形对角斜形图案是鱼头的变化，黑白相间菱形十字纹、对向三角燕尾纹是鱼身的变化（序一图1）等。几何形纹还有颠倒的三角形组合、曲折纹、"个"字形纹、梯形锯齿形纹、圆点纹或点、线等极为单纯的几何形象。

"中国彩陶纹样是从写实动物形象逐渐演变为抽象符号的，是由再现（模拟）到表现（抽象化），由写实到符号，由内容到形式的积淀过程。"②

序一图1　双鱼形（仰韶文化）

符号最初的灵感来源于生活的启示，求生和繁衍是原始人类最基本的生活要求，于是，基于这类功利目的的自然崇拜的原始符号，诸如天地日月星辰、动物植物、生殖崇拜、语音崇拜等，虽然原始宗教观念早已淡漠，但依然栩栩如生地存在于园林装饰符号之中，就成为符号"所指"的内容范畴。

"这种崇拜的对象常系琐屑的无生物，信者以为其物有不可思议的灵力，可由以获得吉利或避去灾祸，因而加以虔敬。"③

《礼记·明堂位》称，山罍为夏后氏之尊，《礼记·正义》谓罍为云雷，画山云之形以为之。三代铜器最多见之"雷纹"始于此。④如卍字纹、祥云纹、冰雪纹、拟日纹，乃至压火的鸱吻、厌胜钱、方胜等，在苏州园林中触目皆是，都反映了人们安居保平安的心理。

古人创造某种符号，往往立足于"自我"来观照万物，用内心的理想视象审美观进行创造，它们只是一种审美的心象造型，并不在乎某种造型是否合乎逻辑或真实与准确，只要能反映出人们的理解和人们的希望即可，如四灵中的龙、凤、麟等。

龟鹤崇拜，就是万物有灵的原始宗教和神话意识、灵物崇拜

① 王震中：《应该怎样研究上古的神话与历史——评〈诸神的起源〉》，《历史研究》，1988年，第2期。

② 陈兆复，邢琏：《原始艺术史》，上海：上海人民出版社，1998年版，第191页。

③ 林惠祥：《文化人类学》，北京：商务印书馆，1991年版，第236页。

④ 梁思成：《中国雕塑史》，天津：百花文艺出版社，1998年版，第1页。

和社会意识的混合物。龟，古代为"四灵"之一，相传龟者，上隆象天，下平象地，它左睛象日，右睛象月，知存亡吉凶之忧。龟的神圣性由于在宋后遭异化，在苏州园林中出现不多，但龟的灵异、长寿等吉祥含义依然有着强烈的诱惑力，园林中还是有大量的等六边形组成的龟背纹铺地、龟锦纹花窗（序一图2）等建筑小品。鹤在中华文化意识领域中，有神话传说之美、吉利象征之美。它形迹不凡，"朝戏于芝田，夕饮乎瑶池"，常与神仙为俦，王子

序一图2　龟锦纹窗饰（留园）

乔曾乘白鹤驻缑氏山头（道家）。丁令威化鹤归来。鹤标格奇俊，唳声清亮，有"鹤千年，龟万年"之说。松鹤长寿图案成为园林建筑装饰的永恒主题之一。

人类对自身的崇拜比较晚，最突出的是对人类的生殖崇拜和语音崇拜。生殖崇拜是园林装饰图案的永恒母题。恩格斯说过："根据唯物主义的观点，历史中的决定因素，归根结底是直接生活的生产和再生产。但是，生产本身又有两种。一方面是生产资料即食物、衣服、住房以及为此所必需的工具的生产；另一方面是人类自身的生产，即种的繁衍。"[1]

普列哈诺夫也说过："氏族的全部力量，全部生活能力，决定于它的成员的数目"，闻一多也说："在原始人类的观念里，结婚是人生第一大事，而传种是结婚的唯一目的。"[2]

生殖崇拜最初表现为崇拜妇女，古史传说中女娲最初并非抟土造人，而是用自己的身躯"化生万物"，仰韶文化后期，男性生殖崇拜渐趋占据主导地位。苏州园林装饰图案中，源于爱情与生命繁衍主题的艺术符号丰富绚丽，象征生命礼赞的阴阳组合图案随处可见：象征阳性的图案有穿莲之鱼、采蜜之蜂、鸟、蝴蝶、狮子、猴子等，象征阴性的有蛙、兔子、荷莲（花）、梅花、牡丹、石榴、葫芦、瓜、绣球等，阴阳组合成的鱼穿莲、鸟站莲、蝶恋花、榴开百子、猴吃桃、松鼠吃葡萄（序一图3）、瓜瓞绵绵、狮子滚绣球、喜鹊登梅、龙凤呈祥、凤穿牡丹、丹凤朝阳等，都有一种创造生命的暗示。

语音本是人类与生俱来的本能，但原始先民却将语音神圣化，看成天赐之物，是神造之物，产生了语音拜物教。[3]于是，被视为上帝对人类训词的"九畴"和"五福"等都被看作是神圣的、万能的，可以赐福降魔。早在上古时代，就产生了属于咒语性质的歌谣，园林装饰图案大量运用谐音祈福的符号都烙有原始人类语音崇拜的胎记，寄寓的是人们对福（蝙蝠、佛手）、禄（鹿、鱼）

[1]［德］恩格斯《家庭、私有制和国家的起源》第一版序言，见《马克思恩格斯选集》第4卷第2页。

[2]《闻一多全集》第1卷《说鱼》。

[3]曹林娣：《静读园林·第四编·谐音祈福吉祥画》，北京：北京大学出版社，2006年，第255-260页。

序一图 3　松鼠吃葡萄（耦园）

寿（兽）、金玉满堂（金桂、玉兰）、善（扇）及连（莲）生贵子等愿望。

植物的灵性不像动物那样显著，因此，植物神灵崇拜远不如动物神灵崇拜那样丰富而深入人心。但是，植物也是原始人类观察采集的主要对象及赖以生存的食物来源。植物也被万物有灵的光环笼罩着，仅《山海经》中就有圣木、建木、扶木、若木、朱木、白木、服常木、灵寿木、甘华树、珠树、文玉树、不死树等二十余种，这些灵木仙卉，"珠玕之树皆丛生，华实皆有滋味，食之皆不老不死"。① 灵芝又名三秀，清陈淏子《花镜·灵芝》还认为，灵芝是"禀山川灵异而生"，"一年三花，食之令人长生"。松柏、万年青之类四季常青、寿命极长的树木也被称为"神木"。这类灵木仙卉就成为后世园林装饰植物类图案的主要题材。东山春在楼门楼平地浮雕的吉祥图案是灵芝（仙品，古传说食之可保长生不老，甚至入仙）、牡丹（富贵花，为繁荣昌盛、幸福和平的象征）、石榴（多子，古人以多子为多福）、蝙蝠（福气）、佛手（福气）、菊花（吉祥与长寿）等。

神话也是园林图案发生源之一，神话是文化的镜子，是发现人类深层意识活动的媒介，某一时代的新思潮，常常会给神话加上一件新外套。"经过神话，人类逐步迈向了人写的历史之中，神话是民族远古的梦和文化的根；而这个梦是在古代的现实环境中的真实上建立起来的，并不是那种'懒洋洋地睡在棕榈树下白日见鬼、白昼做梦'（胡适语）的虚幻和飘缈。"② 神话作为一种原始意象，"是同一类型的无数经验的心理残迹""每一个原始意象中都有着人类精神和人类命运的一块碎片，都有着在我们祖先的历史中重复了无数次的欢乐和悲哀的残余，并且总的来说，始终遵循着同样的路线。它就像心理中的一道深深开凿过的河床，生命之流（可以）在这条河床中突然涌成一条大江，而不是像先前那样在宽阔而清浅的溪流中向前漫淌"。③ 作为一种民族集体无意识的产物，它通过文化积淀的形式传承下去，传承的过程中，有些神话被仙化或被互相嫁接，这是一种集体改编甚至再创造。今天我们在园林装饰图案中见到的大众喜闻乐见的故事，有不少属于此类。如麻姑献寿、八仙过海、八仙庆寿、天官赐福、三星高照、牛郎织女、天女散花、和合二仙（序一图 4）、嫦娥奔月、刘海戏金蟾等，这些神话依然跃动着原初的魅力。所以，列维·斯特劳斯说："艺

① 《列子》第 5《汤问》。

② 王孝廉：《中国的神话世界》，北京：作家出版社，1991 年版，第 6 页。

③ ［瑞典］荣格：《心理学与文学》，冯川，苏克译.生活·读书·新知三联书店，1987 年版。

序一图 4　和合二仙（忠王府）

术存在于科学知识和神话思想或巫术思想的半途之中。"①

　　史前艺术既是艺术，又是宗教或巫术，同时又有一定的科学成分。春在楼门楼文字额下平台望柱上圆雕着"福、禄、寿"三吉星图像。项脊上塑有"独占鳌头""招财利市"的立体雕塑。上枋横幅圆雕为"八仙庆寿"。两条垂脊塑"天官赐福"一对，道教以"天、地、水"为"三官"，即世人崇奉的"三官大帝"，而上元天官大帝主赐福。两旁莲花垂柱上端刻有"和合二仙"，一人持荷花，一人捧圆盒，为和好谐美的象征。门楼两侧厢楼山墙上端左右两八角窗上方，分别塑圆形的"和合二仙"和"牛郎织女"，寓意夫妻百年好合，终年相望。神话故事中有不少是从日月星辰崇拜衍化而来，如三星、牛郎织女是星辰的人化，嫦娥是月的人化。

　　可以推论，自然崇拜和人们各种心理诉求诸如强烈的生命意识、延寿纳福意愿、镇妖避邪观念和伦理道德信仰等符号经纬线，编织起丰富绚丽的艺术符号网络——一个知觉的、寓意象征的和心象审美的造型系列。某种具有象征意义的符号一旦被公认，便成为民族的集体契约，"它便像遗传基因一样，一代一代传播下去。尽管后代人并不完全理解其中的意义，但人们只需要接受就可以了。这种传承可以说是无意识的无形传承，由此一点一滴就汇成了文化的长河。"②

① ［法］列维·斯特劳斯：《野蛮人的思想》，伦敦 1976 年，第 22 页。

② 王娟：《民俗学概论》，北京：北京大学出版社，2002 年版，第 214—215 页。

③ ［唐］姚思廉：《陈书》卷 25《裴忌传》引高祖语。

一

　　春秋吴王就凿池为苑，开舟游式苑囿之渐，但越王勾践一把火烧掉了姑苏台，只剩下旧苑荒台供后人凭吊，苏州的皇家园林随着姑苏台一起化为了历史，苏州渐渐远离了政治中心。然"三吴奥壤，旧称饶沃，虽凶荒之余，犹为殷盛"，③随着汉末自给

序一图5　敬字亭（台湾林本源园林）

自足的庄园经济的发展，既有文化又有经济地位的士族崛起，晋代永嘉以后，衣冠避难，多萃江左，文艺儒术，彬彬为盛。吴地人民完成了从尚武到尚文的转型，崇文重教成为吴地的普遍风尚，"家家礼乐，人人诗书"，"垂髫之儿皆知翰墨"，[1]苏州取得了江南文化中心的地位。充溢着氤氲书卷气的私家园林，一枝独秀，绽放在吴门烟水间。

中国自古有崇文心理，有意模仿苏州留园而筑的台湾林本源园林，榕荫大池边至今依然屹立着引人注目的"敬字亭"（序一图5）。

形、声、义三美兼具的汉字，本是由图像衍化而来的表意符号，具有很强的绘画装饰性。东汉大书法家蔡邕说："凡欲结构字体，皆须像其一物，若鸟之形，若虫食禾，若山若树，纵横有托，运用合度，方可谓书。"在原始人心目中，甲骨上的象形文字有着神秘的力量。后来《河图》《洛书》《易经》八卦和《洪范》九畴等出现，对文字的崇拜起了推波助澜的作用。所以古人也极其重视文字的神圣性和装饰性。甲骨文、商周鼎彝款识，"布白巧妙奇绝，令人玩味不尽，愈深入地去领略，愈觉幽深无际，把握不住，绝不是几何学、数学的理智所能规划出来的"[2]。早在东周以后就养成了以文字为艺术品之习尚。战国出现了文字瓦当，秦汉更为突出，秦飞鸿延年瓦当就是长乐宫鸿台瓦当（序一图6）。西汉文字纹瓦当渐增，目前所见最多，文字以小篆为主，兼及隶书，有少数鸟虫书体。小篆中还包括屈曲多姿的缪篆。有吉祥语，如"千秋万岁""与天无极""延年"；有纪念性的，如"汉并天下"；有专用性的，如"鼎胡延寿宫""都司空瓦"。瓦当文字除表意外，又构成东方独具的汉字装饰美，可与书法、金石、碑拓相比肩。尤其是

序一图6　秦飞鸿延年瓦当

① （宋）朱长文：《吴郡图经续记·风俗》，南京：江苏古籍出版社，1986年版，第11页。

② 宗白华：《中国书法里的美学思想》，见《天光云影》，北京：北京大学出版社，2006年版，第241—242页。

线条的刚柔、方圆、曲直和疏密、倚正的组合，以及留白的变化等，都体现出一种古朴的艺术美。①

园林建筑的瓦当、门楼雕刻、铺地上都离不开汉字装饰。如大量的"寿"字瓦当、滴水、铺地、花窗，还有囍字纹花窗、各体书条石、摩崖、砖额等。

中国是诗的国家，诗文、小说、戏剧灿烂辉煌，苏州园林中的雕刻往往与文学直接融为一体，园林梁柱、门窗裙板上大量雕刻着山水诗、山水图，以及小说戏文故事。

诗句往往是整幅雕刻画面思想的精警之笔，画龙点睛，犹如"诗眼"。苏州网师园大厅前有乾隆时期的砖刻门楼，号"江南第一门楼"，中间刻有"藻耀高翔"四字。出自《文心雕龙》，藻，水草之总称，象征美丽的文采，文采飞扬，标志着国家的祥瑞。东山"春在楼"是"香山帮"建筑雕刻的代表作，门楼前曲尺形照墙上嵌有"鸿禧"砖刻，"鸿"通"洪"，即大，"鸿禧"犹言洪福，出自《宋史·乐志十四》卷一三九："鸿禧累福，骈蕃荐臻。"诸事如愿完美，好事接踵而至，福气多多。门楼朝外一面砖雕"天锡纯嘏"，取《诗经·鲁颂·閟宫》："天锡公纯嘏，眉寿保鲁"，为颂祷鲁僖公之词，意谓天赐僖公大福，"纯嘏"犹大福。《诗经·小雅·宾之初筵》有"锡尔纯嘏，子孙其湛"之句，意即天赐你大福，延及子孙。门楼朝外的一面砖额为"聿修厥德"，取《诗经·大雅·文王》："无念尔祖，聿修厥德。永言配命，自求多福。"言不可不修德以永配天命，自求多福。退思园九曲回廊上的"清风明月不须一钱买"的九孔花窗组合成的诗窗，直接将景物诗化，更是脍炙人口。

苏州园林雕饰所用的戏文人物，常常以传统的著名剧本为蓝本，经匠师们的提炼、加工刻画而成。取材于《三国演义》《西游记》《红楼梦》《西厢记》《说岳全传》等最常见。如春在楼前楼包头梁三个平面的黄杨木雕，刻有"桃园结义""三顾茅庐""赤壁之战""定军山""走麦城""三国归晋"等三十四出《三国演义》戏文（序一图7），恰似连环图书。同里耕乐堂裙板上刻有《红楼梦》金陵十二钗等，拙政园枇香馆裙板上刻有《西厢记》戏文等。这些传统戏文雕刻图案，补充或扩充了建筑物的艺术意境，渲染了一种文学艺术氛围，雕饰的戏文人物故事会使人产生戏曲艺术的联想，使园林建筑陶融在文学中。

雕刻装饰图案，不仅能够营造浓厚的文学氛围，加强景境主题，并且能激发游人的想象力，获得景外之景、象外之象。如耦园"山水间"落地罩为大型雕刻，刻有"岁寒三友"图案，松、竹、梅交错成文，寓意坚贞的友谊，在此与高山流水知音的主题意境相融合，分外谐美。

铺地使阶庭脱尘俗之气，拙政园"玉壶冰"前庭院铺地用的是冰雪纹，给人以晶莹高洁之感，打造冷艳幽香的境界，并与馆内冰裂格扇花纹以及题额丝丝入扣；网师园"潭西渔隐"庭院铺

① 郭谦夫，丁涛，诸葛铠：《中国纹样辞典》，天津：天津教育出版社，1998年，第293、294页。

序一图 7　赵子龙单骑救主（春在楼）

序一图 8　海棠铺地（拙政园）

地为渔网纹，与"网师"相恰。海棠春坞的满庭海棠花纹铺地（序一图 8），令人如处海棠花丛之中，即使在凛冽的寒冬，也会唤起海棠花开烂漫的春意。在莲花铺地的庭院中，踩着一朵朵莲花，似乎有步步生莲的圣洁之感；满院的芝花，也足可涤俗洗心。

　　中国是文化大一统之民族，"如言艺术、绘画、音乐，亦莫不有其一共同最高之境界。而此境界，即是一人生境界。艺术人生化，亦即人生艺术化"①。苏州园林集中了士大夫的文化艺术体系，

① 钱穆：《宋代理学三书随劄·附录》，生活·读书·新知三联书店，2002 年版，第 125 页。

文人本着孔子"游于艺"的教诲，由此滥觞，琴、棋、书、画，无不作为一种教育手段而为文人们所必修，在"游于艺"的同时去完成净化心灵的功业，这样，诗、书、画美学精神相融通，非兼能不足以称"文人"，儒、道两家都着力于人的精神提升，一切技艺都可以借以为修习，兼能多艺成为文人传统者在世界上独一无二。"书画琴棋诗酒花"，成为文人园林装饰的风雅题材。如狮子林"四艺"琴棋书画纹花窗（序一图9）及裙板上随处可见的博古清物木雕等。

崇文心理直接导致了对文化名人风雅韵事的追慕，士大夫文人尚人品、尚文品，标榜清雅、清高，于是，张季鹰的"功名未必胜鲈鱼"、谢安的东山丝竹风流、王羲之爱鹅、王子猷爱竹、竹林七贤、陶渊明爱菊、周敦颐爱莲、林和靖梅妻鹤子、苏轼种竹、倪云林好洁洗桐等，自然成为园林装饰图案的重要内容。留园"活泼泼地"的裙板上就有这些内容的木刻图案，十分典雅风流。

中国文化主体儒道禅，儒家以人合天，道家以天合人，禅宗则兼容了儒道。儒家"以人合天"，以"礼"来规范人们回归"天道"，符合天道。儒家文化的三纲六纪，是抽象理想的最高境界，已经成为传统文人的一种心理习惯和思维定势。儒家尚古尊先的社会文化观为士大夫所认同，"景行维贤"，以三纲为宇宙和社会的根本，"三纲五常"、明君贤臣、治国平天下成为士大夫最高的道德理想。于是，尧舜禅让、周文王访贤、姜子牙磻溪垂钓、薛仁贵衣锦回乡，特别是唐代那位"权倾天下而朝不忌，功盖一世而上不疑，侈穷人欲而议者不之贬"①的郭子仪，其拜寿戏文

① （宋）宋祁，欧阳修，范镇，吕夏卿，等：《新唐书》卷150唐史臣裴垍评语。

序一图9　琴棋书画（狮子林）

象征着大贤大德、大富贵，亦寿考和后嗣兴旺发达，故成为人臣艳羡不已的对象。清代俞樾在《春在堂随笔》卷七中说："人有喜庆事，以梨园侑觞，往往以'笏圆'终之，盖演郭汾阳生日上寿事也。"

中国古代是以血缘关系为纽带的宗法社会。早在甲骨文中，就有"孝"字，故有人称中国哲学为伦理哲学，中国文化为伦理文化。儒学把某些基本理由、理论建立在日常生活，即与家庭成员的情感心理的根基上，首先强调的是"家庭"中子女对于父母的感情的自觉培育，以此作为"人性"的本根、秩序的来源和社会的基础；把家庭价值置放在人性情感的层次，来作为教育的根本内容。春在楼"凤凰厅"大门檐口六扇长窗的中夹堂板、裙板及十二扇半的裙板上，精心雕刻有"二十四孝"故事（序一图10），表现出浓厚的儒家伦理色彩。

三

符号具有多义性和易变性，任何的装饰符号都在吐故纳新，它犹如一条汩汩流淌着的历史长河，"具有由过去出发，穿过现在并指向未来的变动性，随着社会历史的演变，传统的内涵也在不断地丰富和变化，它的原生文明因素由于吸收

了其他文化的次生文明因素，永无止境地产生着新的组合、渗透和裂变。"①

诚然，由于时间的磨洗以及其他原因，装饰符号的象征意义、功利目的渐渐淡化。加上传承又多工匠世家的父子、师徒"秘传"，虽有图纸留存，但大多还是停留在知其然而不知其所以然的阶段，致使某些显著的装饰纹样，虽然也为"有意味的形式"，但原始记忆模糊甚至丧失，成为无指称意义的文化符码，一种康德所说的"纯粹美"的装饰性外壳了。

尽管如此，苏州园林的装饰图案依然具有现实价值：

没有任何的艺术会含有传达罪恶的意念②，园林装饰图案是历史的物化、物化的历史，是一本生动形象的真善美文化教材。"艺术同哲学、科学、宗教一样，也启示着宇宙人生最深的真实，但却是借助于幻想的象征力以诉之于人类的直观的心灵与情绪意境。而'美'是它的附带的'赠品'。"③装饰图案蕴含着的内美是历史的积淀或历史美感的叠加，具有永恒的魅力，因为这种美，不仅是诉之于人感官的美，更重要的是诉之于人精神的美感，包括历史的、道德的、情感的，这些美的符号又是那么丰富深厚而隽永，细细咀嚼玩味，心灵好似沉浸于美的甘露之中，并获得净化了的美的陶冶。且由于这种美寓于日常的起居歌吟之中，使我们在举目仰首之间、周规折矩之中，都无不受其熏陶。这种潜移默化的感染功能较之带有强制性的教育更有效。

装饰图案是表象思维的产物，大多可以凭借直觉通过感受接受文化，一般人对形象的感受能力大大超过了抽象思维能力，图案正是对文化的一种"视觉传承"④，图案将中华民族道德信仰等抽象变成可视具象，视觉是感觉加光速的作用，光速是目前最快的速度，所以视觉传承能在最短的时间中，立刻使古老文化的意涵、思维、形象、感知得到和谐的统一，其作用是不容忽视的。

苏州园林装饰图案是中华民族千年积累的文化宝库，是士大夫文化和民俗文化相互渗化的完美体现，也是创造新文化的源头活水。

游览苏州园林，请留意一下触目皆是的装饰图案，你可以认识一下吴人是怎样借助谐音和相应的形象，将虚无杳渺的幻想、祝愿、憧憬，化成了具有确切寄寓和名目的图案的，而这些韵致隽永、雅趣天成的饰物，将会给你带来真善美的精神愉悦和无尽诗意。

本系列所涉图案单一纹样极少，往往为多种纹样交叠，如柿蒂纹中心多海棠花纹，灯笼纹边缘又呈橄榄纹等，如意头纹、如意云纹作为幅面主纹的点缀应用尤广。鉴于此，本系列图片标示一般随标题主纹而定，主纹外的组图纹样则出现在行文解释中。

---

① 叶朗：《审美文化的当代课题》，《美学》1988年第12期。

② 吴振声：《中国建筑装饰艺术》，台北文史出版社，1980年版，第5页。

③ 宗白华：《略谈艺术的"价值结构"》，见《天光云影》，北京：北京大学出版社，2006年版，第76-77页。

④ 王恢：《中华美术民俗》，北京：中国人民大学出版社，1996年版，第31页。

曹林娣修改于辛丑桐月

序
二

凝固的舞蹈　凝练的诗句

　　塑雕含造型精美的堆塑（又称灰塑）、秀丽清雅的砖雕和天然石材上生动的
石雕，是苏州园林建筑美的可视形象。

　　堆塑是苏州吴县香山古建筑之传统工艺，香山堆塑尊唐代与画圣吴道子齐名
的塑圣杨惠之为鼻祖。现苏州吴县甪直保圣寺尚留半堂栩栩如生的罗汉像（序二
图 1），据传出自杨惠之之手。[1] 有文献记载，唐僖宗时出现堆塑工艺。又据《广
州市志》所叙，始建于南宋庆元三年（1197 年）的增城证果寺作有堆塑。而在
苏州云岩寺塔发现的北宋初年彩绘堆塑图像，应是我国迄今所知最早的堆塑图像
遗存。其中，有立轴画形式的堆塑图像、太湖石图、全株式牡丹图、如意祥云纹
和仙卉纹堆塑装饰图案等。[2]

　　古建堆塑是以静态的造型表现运动的独特装饰艺术，是"凝
固的舞蹈""凝练的诗句"。它是以雕、刻、塑以及堆、焊等手段
制作的三维空间形象艺术。制作材料主要是灰浆、纸筋，大型的
则采用木质骨架；技法和形式分圆雕、浮雕、透雕和立体雕塑等，
色彩用黑白二色，简洁而又素雅。

　　堆塑造型多用于建筑物的屋脊、山花、门楼、垛头、墙檐、

[1] 有的专家考证乃宋塑。

[2] 张朋川：《苏州云岩寺塔北宋
初年灰塑图像初析》，载《艺
术学记》（第二辑），苏州：苏
州大学出版社，2008 年版，第
149 页。

亭顶等处，有时和砖雕组合，相辅相成。堆塑题材通常有三星高照、如意传代、仙佛人物、松鹤延年、狮子舞绣球、松鼠、梅花、万年青、寿桃等，或比喻或象征，寓颂祝吉祥之意。

① 梁思成：《中国雕塑史》，天津：百花文艺出版社，1998年版，第25页。

中国在秦时就有花砖：上林苑白鹿观瓦当，作鹿形图；甘泉宫瓦当，作飞鸟图，字曰"未央长生"。汉砖图案更为丰富，有长袖对舞之舞人砖、汉画像砖奔马拓片（序二图2）、执弓骑御之纪功砖等①，这些画像砖采用模印的方法，使砖坯上形成浮雕图案，后演化为砖雕。

苏州现存最早的砖雕遗物，为隋大业年间的"古松影壁"，至宋代，苏州的砖雕工艺令人瞩目，玄妙观三清殿须弥座为南宋砖雕。明嘉靖年间，苏州的烧砖和砖雕工艺日趋精湛，风格古朴。如明代玉涵堂留存的螃蟹莲蓬雕饰（序二图3），

序二图1　甪直保圣寺罗汉像

序二图2　汉画像砖奔马拓片

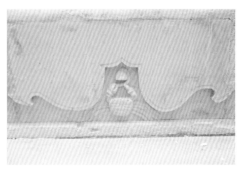

序二图3　螃蟹莲蓬（玉涵堂）

① 记述中国江南地区古建筑营
造做法的专著。

朴拙可爱，栩栩如生。至清乾嘉年间，苏州砖雕艺术已臻炉火纯青的程度，风格秾丽繁复，刻工精细入微，深达十多层，以绮、妍、精、绝称誉于世，享有"江南第一雕"的盛誉，其末流亦有纤巧烦琐之弊。现存砖雕大多为明清遗存。

《营造法原》说："南方房屋属于水作之装饰部分，其精美者，多以清水砖为之。"① 苏州陆墓镇及昆山锦溪镇（陈墓）是苏州著名的优质青砖烧制地，明故宫"金砖"即产于陆慕御窑。

砖雕是用凿子和刨子在质地细腻的磨细清水砖幅面上，采用平面雕、浮雕（包括浅浮雕、深浮雕和浑面浮雕）、透雕和立体形多层次雕等技法，雕琢出各种图案，中部列横贯式砖雕兽额，以阳文刻出四字一组题词。这门精湛的独特艺术，俗称"硬花活"。

砖雕工艺在清代有"黑活"之称，既不受等级制度的拘囿，又比木雕更牢固耐水，因此运用广泛。苏州园林的地穴、月洞、门景、垛头、包檐墙、细照墙、墙门、门楼等处均有雕砖装饰。尤以门楼砖雕最为精工，是"南方之秀"的代表作之一。仅苏州古城区尚存 295 座砖雕门楼，如大石头巷吴宅"四时读书乐"门楼和东花桥巷汪宅的"五福"门楼，均为其中佼佼者。如果包括吴县各乡镇，数量多达八百余座。有的门楼砖雕因为历史的原因已部分损坏，但残留部分依然可以看出昔日的光彩。如耦园"诗酒联欢"门楼雕饰（序二图 4），上下三层都用立体透雕雕出人物百态，虽然人物的头部已有毁，但点缀其间的树木疏密有致、比例适当；人物举止优雅，衣带褶皱精细；周饰云雷纹，依然极具美感。

苏州砖雕题材宽广，明代多雕刻珍禽、瑞草、仙卉；清代侧重人物戏曲典故，诸如"杏花簪帽""柳汁染衣""文武状元""状元游街""麒麟送子""郭子仪拜寿"及三国故事等，其工艺清新、细腻、秀雅，既寓教于诗画之中，又为建筑增添了书香墨气，营造了氤氲的文化氛围。

石雕是在天然石材上雕琢出优美的图案。苏州盛产青石（石灰岩）、金山石（花岗岩）。早在春秋时期已经开采青石；唐代开始在青石上雕刻图案；六朝时开采金山石；元代已可把金山石雕刻做细；至清代，金山石几乎替代了青石。苏州出土最早的石雕作品，为东汉孙王墓楣石上的龙虎人物浮雕。双塔罗汉院有宋代四根石柱雕，上有呈环柱状的牡丹花、莲子、童子等纹样；明代以石人、石兽为多；清代运用更为广泛，题材也更加丰富。

苏州园林石雕建筑装饰，主要用于基台、露台、柱础、石矴及桥梁、石幢、栏杆、牌坊等建筑物上。根据雕刻的高低深浅，可分为直线凿雕、花式平面线雕、阳雕、阴雕、浮雕、深雕、透雕等七类。石雕图案有龙、凤、狮、海兽、蝙蝠、祥云、荷（莲）花、牡丹花、如意、仙佛人物、暗八仙等。

苏州园林中的堆塑、砖雕、石雕等图案，以其姿态各异的优美造型，给予人

序二图 4
诗酒联欢门楼（耦园）

们美的视觉冲击，其蕴含的美好生活理想，也激发人们对生活美的憧憬。如耦园
"平泉小筑"门楼砖雕上开屏的美丽凤鸟，在翩翩祥云的衬托下，令人想起"凤
求凰"的优美旋律，与耦园"佳耦"主题十分契合；虹饮山房山墙上的"嫦娥奔
月"墙饰，反映了人们对美好生活的向往；文王访贤、郭子仪拜寿、薛仁贵衣锦
还乡等雕刻图案，是人们对明君贤臣的期盼；至于触目可见的松鹤柏鹿、灵芝、

万年青等吉祥物，铸合了人类共同希冀的幸福、长寿、富贵的愿望，象征着人们强烈的生命意识。

木构架建筑怕火，因此苏州园林建筑屋脊的各类鸱吻（也称鸱尾），据说都是能兴云召雨、剋火灾于无形的怪兽。屋脊堆塑的鸱吻、珍禽瑞兽、八仙群像及垂脊上的仙卉等，都寄托着人们消灾灭害、安居平安的文化心理。至于"三星高照"荫庇子孙的独特造型，以及"如意传代"厚寄希望于未来，洋溢着浓烈的热爱生活的喜庆色彩。大量取材于《三国演义》《西厢记》《红楼梦》等古典名著的图案，不仅营造了文学氛围，也反映了人们对传统文化的价值趋向，对忠义及真善美的倾情追求。

塑雕图案与造型，其丰富的内涵与建筑物的功能完美结合，组成一个审美整体，收到完美的艺术效果。如耦园"山水间"，是女主人弹琴之处，面对耸立峻峭的黄石假山、一弯流水，令人产生"高山流水知音"的联想。园主夫妇均精诗文书画，既是学问知音，又含伉俪深情。"山水间"精美的落地罩，精雕松、竹、梅"岁寒三友"。园主沈秉成在遭受妻亡子丧之时，娶了夫人严永华作为"岁寒"知音，后来也是相濡以沫。"山水间"的山花处，东塑"柏鹿同春"，西塑"竹梅松鹤"，均表达夫妻恩爱、健康长寿的愿望；屋脊雕饰"松鼠吃葡萄"图案，表达憧憬子孙满堂的未来。园中护园保镖长年居守的沿内城河而建的"听橹楼"，屋脊北面塑勇猛的苍鹰，南面塑气宇轩昂的雄鸡，有雄劲之气和震慑邪恶之意，与建筑物的功能巧妙结合，相得益彰。

苏州园林中的堆塑、砖雕、石雕等图案题材，带有明显的远古时代自然崇拜的印记，这种印记，经过数千年历史的熔炼，已经完全成为民族文化心理的物化符号。

总之，这些砖石塑雕，如吴振声所言："它们能对每一观众显示出它们的美、力和精致，以及完美感的平衡和最优美的比例。而且，除了它们的艺术本质以外，依我所见到的，每件中国艺术（装饰）作品，本意上都带有某种意义的象征，可谓每件描绘的图象都含蓄一个理想。这个理想、这个意义，直给予我们对中国五千余年历史文化问世的一种透视，以及对其国民的某些希望、恐惧、企求、热望和信仰等等的某些了解。"[1]

本册精选了苏州园林塑雕图案 670 多例，分为堆塑（上、下）、砖雕（上、下）、石雕（上、下）、塑雕技艺 7 章，前 6 章均以图案的基本类型编排。

---

[1] 吴振声：《中国建筑装饰艺术》，台北：台北文史出版社，1980 年版，第 5 页。

第一章

堆塑（上）

我国传统屋面建筑构造，除桁、椽等结构件外，则为铺瓦筑脊。沿屋面转折处或屋面与墙面、梁架相交处，用瓦、砖、灰材等砌成的砌筑物，称为"屋脊"，起防火和装饰作用。前后坡屋面相交线做成的屋脊，称为正脊。苏式殿庭与厅堂正脊由滚筒、瓦条、亮花筒、字碑组成，自正脊处沿屋面下垂之脊称垂脊。垂脊上的兽头状物件称垂兽。苏州园林戗角都为水戗，形状有如意头戗（图1-1）、杨叶戗等。

基于万物有灵观念的原始自然崇拜，苏州园林在殿堂、厅堂正脊及垂脊部位堆塑鸱吻（或鸱尾）、瑞兽、灵木仙卉、仙佛人物等，借以美化装饰，趋吉避害。

第一节

鸱吻脊饰

屋顶正脊两端的兽形脊饰，称鸱吻或鸱尾，是对古建筑中两个屋面相交产生的结点进行美化处理的结果。

汉代建筑正脊两端向上隆起，状似鱼尾形的鸱尾，正脊中间常饰凤鸟、火焰珠；晋后出现正规鸱尾，因正脊两端的吻兽造型略如鸱的尾部而得名：尾身竖直，尾尖内卷，刻有鱼鳍纹；至迟在唐代就变鸱尾为鸱吻了（由原来鸱尾前端与正脊齐平，变为折而向上似张口吞脊），在地方民间建筑上，可见早期鸱吻形象：头在下尾朝上，嘴含屋脊作吐水激浪状；至宋元时期，又蜷曲如鱼尾；明清时期则尾向外蜷曲似龙形，又称"吻兽"或"龙吻"；清代官式建筑的鸱吻，身上还有把利剑，传说是仙人为了防止能降雨消灾的脊龙逃走，因而将剑插入龙身（其实，是为了在脊龙背上开口以便倒入填充物，剑靶是作为塞子用来塞紧开口的）。

《营造法式》称：汉代"柏梁殿灾后，越巫言，'海中有鱼，虬尾似鸱，激浪即降雨'。遂作其像于屋，以厌火祥"[①]。李允鉌在《华夏意匠》里则说："据说鸱尾是佛教输入后带来的一种意念。所谓虬尾似鸱的鱼，就是'摩诘鱼'，所谓'摩诘鱼'，就是今日所称的鲸鱼。鲸鱼会喷水，因此将它的尾巴的形状放在屋顶上象征性地希望它能产生'喷水'的防火作用。"[②]总之，是镇降火灾的象征物。

鸱吻后来衍化为"辨贵贱"的标志，通常屋脊式样分殿庭筑脊与厅堂筑脊两类。苏州园林殿庭筑脊样式有龙吻脊饰、鱼龙吻脊饰；厅堂筑脊分哺龙脊饰、哺鸡脊饰、凤凰脊饰、纹头脊饰、甘蔗脊饰诸式。

龙吻脊饰是指在殿庭正脊两端所塑头尾均为龙形的脊饰，鱼龙吻脊饰是指正脊两端所塑龙头鱼尾脊饰。

一、龙吻脊

龙作为想象的灵物，起源于远古的图腾崇拜。据古代神话传说，中华民族的始祖伏羲和女娲形象的"蛇身"是龙的原始形，据传大禹的出世亦与黄龙相关。龙的起源有蛇图腾的演变说、鳄鱼说及自然现象生物化等。原始先民将巨蟒、蛇、中华鳄作为图腾，又综合了其他氏族的图腾，融会了若干鳞甲类、角兽类或爬虫类动物的某些特征。先秦时期，龙纹质朴粗犷，大多没有肢爪，近似爬行动物；秦汉时期，龙纹多呈兽形，肢爪齐全，但无鳞甲，呈行走状；唐代以后，龙的形象逐步完善，形成了"九似"之身，即角似鹿、头似驼、眼似兔、项似蛇、腹似蜃、鳞似鲤、爪似鹰、掌似虎、耳似牛。龙是先民基于自然崇拜而假想的动物，龙文化在我国已有八千年左右的历史。龙作为神兽标记符号，在距今六千年的半坡彩陶上就有类龙纹，在苏州吴县草鞋山的良渚文化晚期出土的陶器盖上，也勾刻有似蛇似龙的图案。

龙为"四灵"之一，也是"四象"中的青龙[③]，中央黄帝的保护神，为"主水之神"。《说文解字》称："龙，鳞虫之长。能幽能明，能细能巨，能短能长。春分而登天，秋分而潜渊。"龙具有变幻莫测的神异色彩，能水中游，云中飞，陆上行，可呼风唤雨、行云拨雾、司掌旱涝、有利万物。龙也是智慧、成功的象征：出人才的地方称虎踞龙盘、藏龙卧虎，有识之士被冠以"人中龙凤"等；在百姓心中，龙是神圣、吉祥、喜庆之神。

汉开国之君刘邦以龙子自贵，汉画像砖上出现了龙拉辇的《黄帝巡天图》。自此，帝王自命真龙天子，龙遂成为"帝德"和"天威"的标记，也成为皇家建筑装饰的专利，而不允许出现在非皇家的建筑装饰中。[④]

① 北宋官方颁布的一部建筑设计及施工的规范书。

② 李允鉌：《华夏意匠》，北京：中国建筑工业出版社，1985年版，第41页。

③ "四灵"：麟、凤、龟、龙；"四象"：青龙、白虎、朱雀、玄武。

④ 曹林娣：《龙文化与装饰纹样》，《艺苑》2007年第5期。

龙吻脊（图1-2~图1-4）是最高等级的屋脊，俗称龙门脊。龙吻脊最早出现在金代；明清时龙吻脊普遍见于宫殿、陵墓、寺庙等建筑，这时龙吻脊的象征义除了厌火，还象征天、皇权和神权。通常龙吻下有一个三角形平面，称山尖部位，往往也饰以狮子、麒麟、大象等吉祥动物。

图 1-2
龙吻脊（寒山寺）

图 1-3
龙吻脊（寒山寺）

图 1-4
龙吻脊（寒山寺）

苏州园林多为下野的官吏和富而不贵的商人宅园，没有使用龙吻脊的资格，但拙政园在太平天国时为忠王李秀成王府，所以忠王府前殿使用了龙吻脊，两端塑龙，中央为"团龙"。清康熙、乾隆六下江南，苏州是其巡行流连之处，于是，苏州虎丘、天平山、虹饮山房等地也出现了和皇帝有关系的纪念性建筑物，建筑物上也使用了龙吻脊（图1-5~图1-8）：有的龙头下塑狮子舞绣球；有的龙体上插着叉；有的两根龙须飘飘，周围祥云朵朵。

图 1-5
龙吻脊（虎丘）

图 1-6
龙吻脊（天平山）

图 1-7
龙吻脊（虎丘）

图 1-8
龙吻脊（虹饮山房）

二、鱼龙吻脊

　　鱼龙吻脊品位较龙吻脊低，一般用于寺庙的副殿建筑以及大户宅第建筑。鱼为原始社会崇拜物之一，很早就被先民视为具有神秘再生力与变化力的神圣动物。鱼本来就是龙的原摹本之一，在上古神话中早就有鱼变龙的传说，《辛氏三秦记》："龙门山在河东界。禹凿山断门，阔一里余。黄河自中流下，两岸不通车马……每岁季春，有黄鲤鱼自海及诸川争来赴之。一岁中，登龙门者不过七十二。初登龙门，即有云雨随之，天火自后烧其尾，乃化为龙矣。""鲤鱼跳龙门"便成为祝颂高升、幸运的吉祥符。

　　伴随着隋唐时期兴起的科举制度，龙首鱼身的半龙形象大量出现（图 1-9~图 1-13）。寒士的"金榜题名"成为"跳龙门"的象征；科举落第者，则"点额

图 1-9　鱼龙吻脊（拙政园）　　图 1-10　鱼龙吻脊（拙政园）

图 1-11　鱼龙吻脊（狮子林）

图 1-12　鱼龙吻脊（狮子林）　　图 1-13　鱼龙吻脊（狮子林）

图 1-9	图 1-10
图 1-11	
图 1-12	图 1-13

①（唐）李白：《赠崔侍郎》,《全唐诗》卷一百六十八。

不成龙，归来伴凡鱼"①。龙头鱼身的鸱吻造型，既象征着"变龙"的期盼，又借龙首吐水，借以阻挡风雨雷电，确保屋宇永固。

鱼龙吻的山尖上，往往堆塑着祥云、如意、仙桃、寿石、松柏、蝙蝠等吉祥物（图 1-11、图 1-12），象征着吉祥、幸福、长寿、万事如意；有的山尖上还塑有横枪跃马的战将（图 1-13），使画面更富动感。

三、哺龙脊

哺龙脊为房屋正脊式样之一，筑脊的两端有龙首形饰物者，往往仅有龙头而不见尾巴。南方寺宇厅堂常用的脊饰，较清代官式之正吻简单，且龙首向外。在龙的神性中，"喜水"位居第一。龙本源于"水物"和"水相"。取龙吐水压火的神性，以保木构架建筑的平安。

图 1-14 ~ 图 1-19 所示哺龙脊，龙头一律朝向屋脊外面。图 1-16 至图 1-19 都有鱼尾上翘，应视为变体。

图 1-14　哺龙脊（天平山）

图 1-15　哺龙脊（天平山）

图 1-16　哺龙脊（怡园）

图 1-17　哺龙脊（寒山寺）　　　　　图 1-18　哺龙脊（寒山寺）

图 1-19　哺龙脊（天平山）

四、哺鸡脊

哺鸡脊为房屋正脊式样之一。哺鸡脊两端饰物为鸡状物而不见尾巴，并有开口哺鸡与闭口哺鸡之别，形象古朴而又抽象。

远在三千多年前，我国甲骨文中就出现了"鸡"字。实际上在古人的心目中，鸡是一种身世不凡的灵禽，《太平御览》载："黄帝之时，以凤为鸡。"鸡形凤为凤的原始形象，鸡与凤形象也有叠合。《韩诗外传》盛称鸡德："首带冠，文也；足搏距，武也；敌在前敢斗，勇也；见食相呼，仁也；守夜不失，信也。"鸡是文、武、勇、仁、信兼备的至德象征。远古传说鸡为日中乌，鸡鸣日出，带来光明，能够驱逐妖魔鬼怪。南朝宗懔《荆楚岁时记》载："正月一日……贴画鸡户上，悬苇索于其上，插符其傍，百鬼畏之。"哺鸡脊饰也是能吐水的神兽变体。

哺鸡脊吻头上雕饰牡丹花及蔓草纹，象征富贵万代；雕饰云雷纹以镇降火灾（图1-20~图1-31）。

哺鸡脊的鸡面上也常饰以云雷纹及各种瑞草纹，有水仙纹、蔓草纹、葫芦纹、水藻纹等，象征富贵万代，均与压火保平安有关。

图1-20　哺鸡脊（网师园）　　　图1-21　哺鸡脊（耦园）
图1-22　哺鸡脊（艺圃）　　　　图1-23　哺鸡脊（天平山）
图1-24　哺鸡脊（天平山）

图1-20	图1-21
图1-22	图1-23

图1-24

图 1-25　哺鸡脊（天平山）　　　图 1-26　哺鸡脊（古松园）

图 1-27　哺鸡脊（古松园）　　　图 1-28　哺鸡脊（榜眼府第）

图 1-29　哺鸡脊（寒山寺）

图 1-30　哺鸡脊（留园）　　　　图 1-31　哺鸡脊（严家花园）

图 1-25	图 1-26
图 1-27	图 1-28
图 1-29	
图 1-30	图 1-31

五、凤凰脊

凤凰是传说中的一种瑞鸟，为百鸟之王。

凤和龙为中华两大图腾，凤凰也是原始先民太阳崇拜和鸟图腾的融合与神化。凤凰为"四灵"之一，也是"四象"中的朱雀，中央黄帝的保护神。

秦汉时期，凤为千姿百态的朱雀；唐代的凤凰集丹凤、朱雀、青鸾、白凤等凤鸟家族与百鸟华彩于一体，终成鸟中之王；辽金元"鹰形凤"融入了朱雀，形成以鹰和朱雀为基础，以鸡为原型的凤凰形象；明清沿袭，并进一步附丽；清后期出现"龙凤合流"趋势，凤尾被植到龙尾上，龙足爪嫁接到凤身上，即今之凤凰。其基本形态是：锦鸡头，鸳鸯身，鹦鹉嘴，大鹏翅，孔雀尾，仙鹤足；居百鸟之首，五彩斑斓、仪态万方、雍容华贵、伟岸英武。今天所见的凤凰形象乃各民族文化观念、审美意识的碰撞融合，经升华积淀而成。

传说凤凰为五行金、木、水、火、土中离火臻化为精而生成的，它的头象天，目象日，背象月，翼象风，足象地，尾象纬，是天地之灵物，也是集仁、义、礼、德、信五种美德于一体的祥瑞之鸟。据说，凤凰生长于东方的君子之国，翱翔于四海之外，只要它在世间出现，天下就会太平无事。

在凤文化的发展过程中，逐渐发生性的分化，唐武则天自比于凤，并以匹帝王之龙。自此，凤成为龙的雌性配偶以及封建王朝最高贵女性的代表。

在中华民族传统文化中，凤凰风姿绰约，极其高贵，与龙并驾齐驱，被人们世代敬仰、崇拜，成为吉祥、幸福、美丽的化身。

凤凰也是婚姻美满的象征，民间将求得佳偶称"乘鸾跨凤"。汉代刘向《列仙传》载：秦穆公时的萧史善吹箫，箫声引得白孔雀与白鹤飞到庭院中。秦穆公的女儿弄玉爱慕萧史，穆公便让女儿嫁给了萧史。成婚后，萧史教弄玉吹箫，箫声似凤鸣，引来了凤凰，穆公为他们筑高台名曰"凤台"。有一天，箫声中飞来一只紫色的凤和一条赤色的龙，于是，弄玉跨凤，萧史乘龙，双双腾空飞去。网师园小姐楼上用凤凰脊饰，表达了对女儿们美满婚姻的期待和祝福（图1-32）；玉涵堂的凤凰脊饰（图1-33），喻义富贵吉祥。

图1-32 凤凰脊（网师园）

图1-33 凤凰脊（玉涵堂）

六、纹头脊

纹头脊是指以回纹或乱纹为图案的屋脊，线条简洁，一般厅堂采用纹头脊者为多。纹头脊上的回纹或乱纹雕饰，实际上是从云雷纹变化而来（图1-34~图1-43）。云雷纹是以连续的回形线条构成的几何图形。以圆形连续构图的称云纹，以方形连续构图的称雷纹。云雷纹渊源于原始先民的雷神崇拜。东汉王充《论衡·雷虚篇》曰："图画之工，图雷之状，累累如连鼓之形。又图一人，若力士之容，谓之雷公。使之左手引连鼓，右手推椎，若击之状。其意以为雷声隆隆者，连鼓相扣击之音也。"金文雷字如联鼓，形如"回"字，且循环反复连缀，又称回纹、回回锦。云雷纹含有震慑邪恶、带来雨水、确保木构架建筑平安之意。因其形式都是盘曲连接、无首无尾无休止，显示出绵延不断的连续性，人们用其比喻世代绵长、富贵不断头、长寿永康等生活理想。

图1-34
纹头脊（沧浪亭）

图1-35
纹头脊（玉涵堂）

图 1-36
纹头脊（怡园）

图 1-37
纹头脊（怡园）

图 1-38
纹头脊（玉涵堂）

图 1-39
纹头脊（严家花园）

凝固诗画——塑雕

第一章 堆塑（上）

图 1-40
纹头脊（榜眼府第）

图 1-41
纹头脊（留园）

图 1-42
纹头脊（怡园）

图 1-43
纹头脊（玉涵堂）

凝固诗画——塑雕

图 1-44　纹头脊（耦园）　　图 1-45　纹头脊（玉涵堂）

图 1-46　纹头脊（耦园）　　图 1-47　纹头脊（玉涵堂）

图 1-48　纹头脊（玉涵堂）　　图 1-49　纹头脊（玉涵堂）

图 1-44	图 1-45
图 1-46	图 1-47
图 1-48	图 1-49

　　纹头脊的纹样还有夔龙纹（图 1-44、图 1-45），夔龙，相传原为舜的二臣之名，夔为乐官，龙为谏官。后人混为一人，遂有夔龙之名。又误将"夔一而足"误为夔为一足之人。《庄子·秋水》："夔谓蚿曰：'吾以一足趻踔而行，予无如矣。'"后来，又将夔为一足之人传为兽名，夔龙连称，成为传说中只有一足的龙形动物。《说文解字》曰："夔，神魖也。如龙，一足……象有角、手、人面之形。"古钟鼎彝器上所雕夔形纹饰，也称夔纹。

　　纹头脊饰常缀以各种仙卉瑞草纹，如蔓草纹（图 1-46、图 1-47）、仙草纹（图 1-48）、海棠纹（图 1-49）、梅花纹（图 1-50）、宝相花纹（图 1-51）、竹纹、菊花纹、葡萄纹、葫芦纹等（图 1-52、图 1-53），如意纹（图 1-54）、祥云纹（图 1-55），还有蝙蝠纹（图 1-56~ 图 1-58）、喜鹊纹（图 1-59）及"暗八仙"。

　　图 1-60~ 图 1-62 纹头脊饰上雕饰"暗八仙"的葫芦、洞箫、宝剑和宝扇，它们分别传为散仙铁拐李、韩湘子、吕洞宾、汉钟离手持的法器。

图 1-50　纹头脊（玉涵堂）　　　图 1-51　纹头脊（寒山寺）

图 1-52　纹头脊（寒山寺）　　　图 1-53　纹头脊（玉涵堂）

图 1-54　纹头脊（严家花园）　　图 1-55　纹头脊（玉涵堂）

图 1-56　纹头脊（网师园）　　　图 1-57　纹头脊（玉涵堂）

图 1-50	图 1-51
图 1-52	图 1-53
图 1-54	图 1-55
图 1-56	图 1-57

图 1-58　纹头脊（虹饮山房）

图 1-59　纹头脊（耦园）

图 1-60　纹头（暗八仙葫芦）脊（可园）

图 1-61　纹头（暗八仙洞箫）脊（可园）

图 1-62　纹头（暗八仙宝剑、宝扇）脊（可园）

图 1-58	图 1-59
图 1-60	
图 1-61	图 1-62

七、甘蔗脊

　　屋脊两端饰物形似甘蔗，故称甘蔗脊饰。甘蔗乃多汁植物，也含有防火之意蕴。甘蔗脊饰上的葫芦飘带，象征世代绵长（图1-63）；所饰灵芝纹、如意结，象征长寿、如意、吉利（图1-64）；所饰如意头纹（图1-65、图1-66）、蔓草纹（图1-67、图1-68）、回纹（图1-69）等，则含有如意吉祥、富贵绵延之意蕴。

图 1-63
甘蔗脊（网师园）

图 1-64
甘蔗脊（网师园）

图 1-65
甘蔗脊（天平山）

图 1-66
甘蔗脊（玉涵堂）

图 1-67
甘蔗脊（寒山寺）

图 1-68
甘蔗脊（天平山）

图 1-69
甘蔗脊（玉涵堂）

第二节

正脊脊饰

苏州园林厅堂屋脊字碑正中的长方形砖细板上，一般不雕文字，常堆塑各种避邪祈福的戏剧人物、仙佛人物、祥瑞动物、灵木仙卉。在两侧狭长字碑上，则雕饰卷草纹、蝙蝠纹、祥云纹、牡丹花纹等。

一、人物

1. 戏剧人物

（1）"文王访贤"。周文王访姜子牙，是盛演不衰的传统戏剧剧目（图1-70）。文王姬昌，史称"笃仁、敬老、慈少。礼下贤者，日中不暇食以待士，士以此多归之"，是大德之君。姜子牙多智谋，曾隐于海滨。一次，文王将出猎，令人占卜，曰："所获非龙非彲，非虎非罴；所获霸王之辅。"文王出猎，果然遇姜子牙于渭河之滨。文王曰："自吾先君太公曰：'当有圣人适周，周以兴。'子真是邪？吾太公望子久矣。"遂以最高礼节款待姜子牙，"载与俱归，立为师"。文王以大德著称，姜子牙以大贤著名，"文王访贤"，喻义"德贤齐备"。

（2）"薛仁贵征东"。图1-71取材于唐代大将薛仁贵征东的故事。薛仁贵是个叱咤风云的民族英雄，他征辽东、高丽、突厥、吐蕃等地，所向披靡，建立与巩固了大唐政权。薛仁贵的故事，反映了事亲与事君的矛盾及人生际遇。

图1-70 文王访贤（天平山）

图1-71 薛仁贵征东（春在楼）

2. 仙佛人物

（1）"三星高照"。三星指福、禄、寿三星，"三星高照"喻指可得神仙庇护，幸福、富裕、长寿。三星造型是星辰崇拜的人格化（图1-72~图1-78）。

图1-72 三星高照（狮子林）	图1-73 三星高照（秀野园）
图1-74 三星高照（虹饮山房）	图1-75 三星高照（留园）
图1-76 三星高照（榜眼府第）	图1-77 三星高照（玉涵堂）
图1-78 三星高照（古松园）	

图1-72	图1-73
图1-74	图1-75
图1-76	图1-77
图1-78	

象征五福临门的福星，是八大行星中的木星，别名"岁星"，古语所谓"太岁头上不能动土"。福星为天官下凡，源于道教三官。所谓道教三官，即天官、地官、水官。据《三教源流搜神大全》记载，有个叫陈子祷的人，长得温文尔雅，与龙王的三公主一见钟情，结为夫妇。后分别于农历正月十五、七月十五和十月十五日生了天官、地官、水官三兄弟。民间传说天官赐福、地官救罪、水官解厄。天官形象是作为吏部天官模样：身穿大红一品大员官服，五色袍服，腰系龙绣玉带，手执大如意，足蹬朝靴，慈眉悦目，五绺长髯，一派喜容悦色。身旁常立一童子，服饰华丽，手捧花瓶，瓶插折枝牡丹，寓意天官赐福，平安富贵。另一传说，福星乃古代清廉官员，为如来佛祖影子转世，时任道州刺史。在任职期间，他冒死直言上书免去特殊例贡——进贡侏儒，使百姓免受家庭离散之苦。元明时期，这位清廉官员被传为汉武帝时人杨成。《搜神记》载：汉武帝时道州刺史杨成，百姓奉为福神。人间的好官与天上的星官形象融合，使福星杨成赐福的观念深入人心。苏州香山帮雕塑的福星形象以"头戴天官帽，朵花立水江涯袍，朝靴抱笏五绺髯"为常格。

禄指官吏职位的俸给。禄星原为文星，又称文昌、文曲星，专掌文运禄位，是保佑参加科举考试的考生金榜题名的吉祥神。禄星位于北天球北斗七星正前方，禄星崇拜逐渐神化与人格化。《历代神仙通鉴》记载：张仙，五代时道士，在巴蜀道教名山青城山修道成仙。他擅长弹弓射击，百发百中，而射击的目标正是那些作乱人间的妖魔鬼怪。张仙脸容俊秀，长髯五绺，服饰华丽，飘逸潇洒。他既能保佑天上星官顺利托生平民百姓之家，又能保佑孩子将来高中状元的锦绣前程。于是张仙成为受人们爱戴的送子神仙，成为受读书人顶礼膜拜的科举考试之神。苏州香山帮雕塑的禄星形象，为"员外郎，青软巾帽，绦带绦袍，携子又把卷画抱"。

寿星，一说二十八星宿中的角亢星，为东方苍龙七星之一。每年农历五月初的傍晚，寿星便带着吉祥之光出现在东方。《史记·天官书》载：在西宫狼星附近有颗大星，叫南极老人星。每年秋分出现在南郊，故有南极寿星之称。南极寿星出现，天下就太平安定；否则，就会有兵刃战乱之事。相传，从秦朝开始立祠奉祀，认为寿星能掌管国运长短，后来，民间逐渐把寿星看成主宰人们寿夭的神仙。寿星的形象，汉代就有描述。宋代祭祀寿星与敬老活动相结合，寿星遂定格为拄长杖的老人形象（图1-79）。南宋时的寿星像是"扶杖立""杖过于人之首，且诘曲有奇相"。明代，寿星长头短身的形象逐渐突出。《西游记》里描绘的寿星形象是"手捧灵芝飞蔼绣，长头大耳短身躯"。由于道教养生观念和长寿意象的融合叠加，寿星的脑门更加凸出了（图1-80）。苏州香山帮雕塑的寿星形象为"绾冠玄氅系素裙，薄底云靴，手拄龙头拐杖"。

（2）"天女散花"。"天女散花"又叫"仙女散花"（图1-81、图1-82）。即

凝固诗画——塑雕

图 1-79
三星高照（寿星）（同里退思园）

图 1-80
三星高照（寿星）（东山雨花台）

图 1-81
天女散花（虹饮山房）

图 1-82
天女散花（古松园）

仙女在云中飞舞散花，取自《维摩经·观众生品》：时维摩诘室有一天女，以天花散诸菩萨，悉皆堕落，至大弟子便著身不坠。一切弟子神力去花，不能令去。本以花是否着身验诸菩萨向道之心，后多以"天女散花"形容抛撒东西或大雪纷飞的样子，寓意春满人间、吉庆常在。

（3）弥勒佛。弥勒是继释迦牟尼之后出世的未来佛，弥勒信仰包括上生信仰与下生信仰两种。弥勒菩萨住在庄严清净的天宫内院，那儿又被称为弥勒净土。世人只要持戒修禅、积累功德，或称念弥勒，死后即可往生弥勒净土。不仅可以不入轮回，还能常听弥勒讲经说法，并能与弥勒一同下生世间解脱成道。据佛经记载，弥勒的寿命是 4000 岁，相当于人间 56 亿年，他命终之后，便下生世间成佛。弥勒下生，人民不仅生活幸福，还有受度解脱的机会。

弥勒信仰何时传入中国，一般认为应该在佛教由印度传入中国的东汉时期。在泗水王陵曾发现了一尊貌似弥勒佛的木俑，相关专家认为，如果得到确认，中国佛教史将会改写。

弥勒信仰在中国经历了世俗化与民族化的过程。最初完全照搬印度佛教，晚唐五代之后，以游方僧人契此为原型的"大肚弥勒"流行，成为长期流传和普遍受人欢迎的中国弥勒佛（图 1-83）。

僧人契此为唐明州奉化县人（今宁波奉化），生活在唐末五代，是个下层游方僧人。由于经常背着布袋，所以又被称为布袋和尚，据说他能把鬼魅赶进布袋化为乌有。他"笑口常开，蹙额鼓腹"，皱鼻梁，大肚子，身体十分肥胖；他行为奇特，天将旱时穿高齿木屐，天将涝时穿湿草鞋，人以此得知天气；而且他随处寝卧，冬卧雪中，身上一片雪花不沾；他没有固定的住处，经常到市场乞食，不管荤素好坏，入口便食，还分出少许放入布袋；更奇特的是他在哪里行乞，哪里的生意便分外好。他平时说法不多，临终前说了"弥勒真弥勒，分身千百亿。时时示时人，时人自不识"四句偈语，人们才知道原来他就是弥勒佛的化身。

大肚弥勒寓神奇于平淡，示美好于丑拙，显庄严于诙谐，现慈悲于揶揄，代表了中华民族宽容、和善、智慧、幽默、乐观的精神，不仅成为中国佛教的形象大使，也是中华民族的形象代表。[①]

（4）"八仙过海"。八仙为道教供奉的八位散仙，唐代已有其传说，但名姓时有变更。至明代吴元泰小说《东游记》才确定为以下八人：铁拐李、汉钟离、吕洞宾、张果老、何仙姑、蓝采和、韩湘子、曹国舅。据说八仙分别代表男、女、老、少、富、

图 1-83　弥勒佛（天平山）

① 徐文明：《漫话弥勒佛》，《世界宗教文化》2001 年第 4 期。

贵、贫、贱八个方面，是百姓人家共同喜好的神仙。

相传八仙共赴瑶池，为西王母祝寿。途遇东海阻碍去路，以他们得道升仙的道行，本可驾云飞过海去。但吕洞宾倡议，何不各以法宝投海摆渡，得到众仙响应。于是铁拐李浮葫芦，张果老踏鱼鼓，汉钟离摇葵扇，吕洞宾划宝剑，蓝采和坐花篮，韩湘子吹洞箫，何仙姑立荷花，曹国舅执阴阳

图 1-84　八仙过海（虹饮山房）

玉板，各显身手，又互相打诨取笑，煞是热闹。喧哗声惊动了东海龙宫，龙宫太子垂涎八仙的宝贝，遂挑起了一场争夺战。在茫茫东海上的恶战，被太上老君察觉，急忙止战，并为他们调解。龙宫太子认错后，双方言和，同赴西王母寿宴。但作为吉祥图案的"八仙过海"，则具有借助众仙的神通和法宝驱邪免灾之特定意义，故此传说称为"八仙过海，各显神通"（图 1-84）。

（5）"和合二仙"。"和合二仙"是民间传说中象征团圆、和谐、吉庆的二位仙人，是掌管婚姻的喜神，别称"欢天喜地"。其原型是唐代有缩地之术的万回僧者。万回，相传俗姓张，陕西人，因他"出门如飞，马驰不及，及暮而还"，故称"万回"，民间俗称"万回哥哥"。唐宋时，奉祀的形象是"蓬头笑面，身着绿衣，左手擎鼓，右手执棒，云和合之神"。和合本义为团圆，但后来则转为喜庆之神，又逐步由一神转变为二神。

清雍正时期，封唐代诗僧寒山、拾得为"和合二圣"，又称"和合二仙"。寒山捧盒（"盒"与"合"谐音，取意"合好"），拾得持荷花（"荷"与"和"谐音，取意"和谐"），即合好和谐之意（图 1-85~ 图 1-87）。旧时婚礼上多悬挂"和合二仙"像，象征夫妻相亲相爱、百年好合。

图 1-85　和合二仙（严家花园）

图 1-86　和合二仙（春在楼）

（6）"刘海戏金蟾"。金蟾为三足大蟾蜍，得之者无不大富。堆塑造型为外号海蟾子的仙人刘海，他手执串钱绳子戏钓金蟾或撒钱（图1-88、图1-89）。

民间传说中的刘海，本是个穷人家的孩子，靠打柴为生。他用计收服了修成正果的三足金蟾，使其改邪归正，并口吐金钱给需要帮助的人们。后来人们就把三足金蟾当成旺财的瑞兽，刘海也因此得道成仙，成为全真道祖师。刘海戏金蟾，金蟾吐金钱；刘海走到哪里，就把钱撒到哪里，救济了无数穷人。人们敬奉刘海，称他为活财神。

（7）"童子拜观音"。观音菩萨又称观世音菩萨、观自在菩萨。观音菩萨在中国民间受到最普遍、最广泛的信仰，当世间众生碰到各种困境及灾难时，只要信奉观音菩萨，诵念观世音菩萨名号，她就会"观其音声"前来解救，使受难众生即时得以脱困。

《华严经》记载，福城有位长者，生有五百童子。其中最小的儿子出生时，珍宝自然涌出，故取名善财。但善财却看破红尘，要修行成佛。善财曾向文殊菩萨请教佛法，文殊菩萨指点他去南游一百一十城，参访五十三位名师；后遇到普贤菩萨，即身成佛。善财是"第二十七参"时，遇到观音菩萨，并深受教益，成为观音菩萨的胁侍。"童子拜观音"也因此成为百姓祈求事业顺利、招财送子及锲而不舍广学博闻的精神象征（图1-90）。

图1-87 和合二仙（春在楼）

图1-88 刘海戏金蟾（严家花园）

图1-89 刘海戏金蟾（春在楼）

图1-90 童子拜观音（春在楼）

（8）西方三圣。西方三圣又称阿弥陀三尊，中间是阿弥陀佛，左边为大势至菩萨，右边为观世音菩萨（图1-91）。阿弥陀佛代表无量的光明、无量的寿命、无量的功德，观音菩萨是代表大慈悲，大势至菩萨代表喜舍。

（9）"西天取经"。"西天取经"指唐僧、孙悟空、猪八戒、沙僧师徒四人历尽九九八十一难的艰险，前往西天求取真经的故事（图1-92），表达"西游尽磨难，终见意志坚，愿做菩提树，普度化众生"的思想。故事取自中国古典四大名著之一、明代小说家吴承恩编撰而成的《西游记》。

（10）"麻姑献寿"。麻姑是民间一位喜闻乐见的女仙，是道教诸神谱系中的一员。东晋葛洪《神仙传》载：东汉时，神仙王方平去拜访朋友蔡经，还请来了麻姑——一位美丽的女子，看起来不过十八九岁的样子，梳着高髻，余发垂到腰际，身穿光彩夺目的天衣，指甲像鸟爪似的。攀谈之中，麻姑自诩曾亲见东海三次变为桑田，蓬莱之水也比她初见时浅了一半，下次再去恐怕要化为陆地了。沧海桑田，不知要几千万年，而她竟已经见过三次，她的年纪简直无法估算了。于是麻姑便成为长寿的象征，与寿星地位相仿。后来，民间传说农历三月初三为西王母祝寿的蟠桃盛宴，麻姑献以绛珠河畔灵芝酿成的美酒作为礼物，此为"麻姑献寿"的来历。

正因为麻姑象征长寿，所以在民间不断被演绎传说，"麻姑献寿"其形象大多为少女，手托仙桃或酒壶（图1-93）。

图1-91 西方三圣（寒山寺）

图 1-92
西天取经（寒山寺）

图 1-93
麻姑献寿（玉涵堂）

二、动物

1. 龙

龙脊饰多为团龙造型。团龙形象生动，姿态各异，或盘曲祥云中（图 1-94、图 1-95），或顶着象征天地的葫芦（图 1-96），或二龙戏珠（图 1-97），或口中喷水（图 1-98~图 1-100）。个别还为龙头凤尾的融合形象（图 1-101）。

图 1-94
龙（天平山）

图 1-95
龙（天平山）

图 1-96
龙（虎丘）

图 1-97
龙（虎丘）

图 1-98
龙（天平山）

图 1-99
龙（天平山）

图 1-100
龙（寒山寺）

图 1-101
龙（狮子林）

2. 凤凰

凤凰，集高贵、吉祥于一体，其艺术形象被广泛地运用到苏州园林建筑装饰中。常见的有"凤戏牡丹"雕饰，凤凰为鸟中之王，牡丹则色、姿、香、韵俱佳，在唐代备受推崇，有"国色天香"之称（图1-102~图1-106）。唐代刘禹锡诗云："庭前芍药妖无格，池上芙蕖净少情。惟有牡丹真国色，花开时节动京城。"《本草纲目》称："群芳中以牡丹为第一，故世谓'花王'。"牡丹被视为富贵、吉祥、昌盛之花。

一说丹凤为丹山之凤。丹山，产丹砂之山，或谓赤山。《宜都记》载："寻西北陆行四十里，有丹山，山间时有赤气，笼盖林岭，如丹色，因以名山。""丹凤朝阳"（图1-107、图1-108）是凤凰最辉煌的形象，含有诸多吉祥意义。《诗经·大雅》曰："凤凰鸣矣，于彼高冈。梧桐生矣，于彼朝阳。"将丹凤比喻贤才，朝阳比喻明时。所以，首翼赤色的凤鸟向着一轮红日，表示"贤才逢明时"，也象征着追求光明与幸福；凤立于梧桐树旁，对着初升的太阳鸣叫，组成的"凤鸣朝阳"图案，寓天下太平之吉兆，也喻高才遇良机，福星高照，将要飞黄腾达。

图1-102　凤凰（天平山）

图1-103　凤凰（天平山）

图1-104　凤凰（古松园）

图 1-105
凤凰（玉涵堂）

图 1-106
凤凰（怡园）

图 1-107
凤凰（拙政园）

图 1-108
凤凰（榜眼府第）

3. 麒麟

凤凰与麒麟组合图案，为麟凤呈祥（图1-109）。麒麟，亦作骐麟，是中国古代传说中的神兽，与龙、凤、龟共称为"四灵"。《说文解字》称麒麟"仁兽也，麕身，牛尾，一角……"晋代陆玑《诗疏》载："麟，麕身，牛尾，马足，黄色，圆蹄，一角……不履生虫，不践生草，不群居，不侣行。不入陷阱，不罹罗网。王者至仁则出。"麒麟，是按中国人的思维方式，将现实中人们珍爱的动物复合构思所产生，体现了中国人的"集美"思想。它被古人视为神兽、仁兽，主太平、长寿，能活两千年，能吐火，声音如雷。"有毛之虫三百六十，而麒麟为之长"。麒麟作为吉祥美好的象征，百姓盼望它带来丰年、福禄、长寿，图1-110麒麟在祥云簇拥中。晋代王嘉《拾遗记》中描述，孔子诞生之前，有麒麟吐玉书于其家院。"麒麟送子"由此演化而成，后成为民间期盼诞生贵子的传统吉祥图案之一（图1-111）。南北朝时，对聪颖可爱的男孩，人们常呼为"吾家麒麟"。后有"麟子""麒麟儿"之颂词吉语。

图1-109　麒麟（耦园）

图1-110　麒麟（春在楼）

图1-111　麒麟（古松园）

凝固诗画——塑雕

4. 狮子

狮子生活在非洲和亚洲的西部，它的吼声很大，有兽王之称。佛教中比喻佛说法时震慑一切外道邪说的神威为"狮子吼"。[①] 传说佛祖释迦牟尼诞生时，一手指天，一手指地，做狮吼状："天上天下，唯我独尊。"从此狮子被逐渐神化，成为佛教中的护法神兽和释迦牟尼左肋侍文殊菩萨乘坐的神兽。佛教视狮子为勇猛精进的精神象征，寓意神圣、吉祥。

①《维摩经·佛国品》。

东汉章和元年（公元87年），西域大月氏送来第一头狮子，随后中国便开始出现狮子的石雕作品。其形象更多像虎，只是比虎大且凶猛一些，造型古朴，线条简单有力，无华饰。迟至南朝的梁代，狮子的头部有了厚实的鬣毛，其胸肌宽大，体形肥硕强健，线条舒展流畅；魏晋时期，狮子形状怪诞夸张；盛唐时期，狮子形象威风凛凛，体形高大雄健，鬣毛呈旋涡状，自此，旋涡状的鬣毛就成为中国式狮子的明显特征，为后世所沿袭，且将鬣毛旋涡的多少作为门第等级的标志；宋代，狮子颈部挂着带响铃和缨须的项饰，气宇轩昂，成了驯狮，绣球和幼狮也已出现；元代，狮子更是憨态可掬，很具人情味；明清时期，狮子高踞石台上，挺胸昂首，不可一世，怒目做狂吼状，体态浑圆臃肿，身披束带，上挂銮铃。狮子作为雕塑的题材，得到了广泛的应用，其形象也被固定化，成为众多建筑物及园林点缀的美的使者和法权象征。民间将狮子视作守护神，可镇百兽与辟邪。

狮子造型成为喜庆的形象，据说源于南朝元嘉二十二年（公元445年）与南方林邑国发生的一场战争。宗悫为先锋，他在战事连连受挫后想出了一条妙计，命令部下雕刻木块，制作成狮子头套戴上，复披上黄衣。敌方以为是真狮子冲过来了，败阵而逃，宗悫大获全胜。这种作战方法流传民间，逐渐增添了狮子舔毛、搔痒、打滚等可爱的动作，并演绎为"狮子送祥瑞"的习俗。

双狮滚绣球又成为人类生殖仪式的象征（图1-112），据说，雌雄双狮相嬉戏时，它们的毛便缠绕在一起，滚而成球，小狮子便从其中产出。绣球是模仿绣

图 1-112
狮子（东山雨花台）

球花制成的圆球，绣球花是女性的象征。"狮"与"事""嗣"谐音，雌雄双狮与幼狮三狮舞戏绣球，象征好事成双、子嗣昌盛、阖家喜庆。

拙政园远香堂屋脊字碑处堆塑"三狮舞绣球"：公狮、母狮和幼狮争相戏舞，绸带绕身，摇曳飘扬，生动无比（图1-113）。

图 1-113
狮子（拙政园）

5. 仙鹤

鹤自古素有"羽族之长""一品鸟"等美誉。清代陈淏子《花镜》载："鹤，一名仙鸟，羽族之长也。"《淮南子》有"鹤千年，龟万年"之说，故鹤是鸟类家族的寿禽，因而鹤也成为长寿的象征。《琅嬛记》云："鹤，仙禽也，于物为多寿。"《淮南子》载："鹤寿千岁，以极其游。"道教故事中有羽化后登仙化鹤的典故，《相鹤经》则称其"寿不可量"，因而人们常用鹤作为祈祝长寿之词。

松为百木之长，古朴清雅，千年长青；鹤为百羽之宗，体洁性清，寿不可量，两者又具有某些相似。《神境记》中有这样一个故事：古时，荥阳郡南郭山中有一石室，室后有高千丈、荫覆半里的古松，其上常有双鹤飞栖，朝夕不离。相传汉时，曾有一对慕道夫妇，在此石室中修道隐居，年有数百岁，后化白鹤仙去，这对松枝上的白鹤则是他们所化。这样，松与鹤便被定格为长寿的吉祥图案，寓意松鹤延年（图1-114、图1-115）、松鹤同春、松龄鹤寿等，衍生出许多吉祥祝寿的画面来。

图 1-114
仙鹤（春在楼）

图 1-115
仙鹤（虹饮山房）

6. 鹿

鹿是善灵之兽，"鹿爱其类""食则相呼，行则同旅"[1]"鹿鸣以仁求其群"[2]，具有互不疑忌、和睦友爱的仁德。《易林》曰："鹿食山草，不思邑里。"与古代的隐士精神相契，因此，古人常以"麋鹿之情"比喻隐逸之情。

传说白鹿的隐现，为检验帝王德政的好坏和上天意志的表征。《瑞应图》云："天鹿者，纯善之兽也，道备则白鹿见，王者明惠及下则见。"在道教中，鹿是仙人的坐骑，古代传说中仙人多乘鹿，故鹿又被称为仙兽。鹿在民俗文化中被广泛地作为长寿的瑞兽。《瑞应图》载："天鹿，能寿之兽。"晋代葛洪《抱朴子·玉策篇》载："鹿寿千岁，与仙为伴。"传说千年为苍鹿，又五百年化为白鹿，又五百年化为玄鹿。《宋书》载："虎鹿皆寿千岁，满五百岁者，其毛色白，以寿五百岁者，即能变化。"据传，鹿与鹤一起护卫灵芝仙草。

鹿繁殖众多，喜成群出没，有繁盛兴旺之意。鹿之所以成为中华民族喜闻乐见的形象，还基于中华先民语音崇拜的遗传文化基因。"鹿"与"禄"谐音，为民间"五福"（福、禄、寿、喜、财）中的一种，表示福气或俸禄的意思。[3]

松树是多年生常绿乔木，耐严寒，不凋零，传说千年古松之脂可成茯苓，服食者长生。所以学道者爱在古松之下修行，民间把松树作为禁得起风寒磨难及长寿的象征。

竹，四季常青，凌霜不凋，象征青春永驻；竹，潇洒挺拔、清丽俊逸，有翩翩君子风度；竹子空心，象征谦虚，"心秉虚分节挺直，啸傲空山人弗识"；竹的特质弯而不折，折而不断，象征柔中有刚的做人原则；竹梢节节拔高，未出土时便有节，视为气节的象征。唐代张九龄咏竹，称"高节人相重，虚心世所知"[4]；清

① （清）陈溟子：《花镜·养兽畜法》。

② 汉陆贾：《新语》。

③ 曹林娣：《说鹿》，《艺苑》2006 年第 9 期。

④ （唐）张九龄：《和黄门卢侍御咏竹》，《全唐诗》卷四十八。

代郑板桥曰"我自不开花，免撩蜂与蝶"，淡泊、寡欲、清高，正是中国文人的人格写照。自魏晋以来，竹就成为风流名士理想的人格化身，敬竹、崇竹、引竹自况，蔚为风气。晋代王羲之云"不可一日无此君"，因此竹别号"此君"。竹与松、梅作为中国文化中的"岁寒三友"，成为园林组景和图案的不倦主题之一。

双鹿与竹、松、梅相伴，象征富贵、长寿、春色永驻（图1-116）。鹿与寿桃及与蝙蝠，组成"福禄寿"吉祥寓意（图1-117、图1-118）。

图 1-116
鹿（怡园）

图 1-117
鹿（玉涵堂）

图 1-118
鹿（春在楼）

7. 蝙蝠

蝙蝠是具有飞翔能力的哺乳动物，在夜间飞行捕食，其头部和身躯颇像老鼠，所以又称仙鼠、飞鼠等。在古人眼里，蝙蝠被视为神异的长寿动物。《抱朴子》云：千年蝙蝠，色如白雪，集则倒悬，脑重故也。此物得而阴干末服之，令人寿万岁。《古今注·鱼虫》云：蝙蝠……五百岁则色白脑重，集则头垂，故谓之倒折，食之神仙。蝙蝠的"蝠"与"福"谐音，因而蝙蝠在人们心目中成为长寿、喜庆、福气的象征。①

① 曹林娣：《论中国园林的蝙蝠符号》，《苏州教育学院学报》2007年第2期。

蝙蝠展开双翅，口衔两枚铜钱，以"钱眼"谐音"眼前"，表示"福在眼前"好运将至（图1-119）。在祥云中的蝙蝠，衔着两个寿桃，象征福寿双全（图1-120）。

图1-119　蝙蝠（天平山）　　　　　　　图1-120　蝙蝠（榜眼府第）

8. 鲤鱼

跳跃在海中浪花的鲤鱼，生机勃勃，富有灵气。道教将鲤鱼神化了，鲤鱼古有稚龙、跨仙君子等美称。《初学记》引南朝陶弘景《本草》云：鲤最为鱼中之主，形既可爱，又能神变，乃至飞越江湖。《尔雅翼·释鱼》云："兖州人谓赤鲤为赤骥，谓青鲤为青马，谓黑鲤为玄驹，谓白鲤为白骐，谓黄鲤为黄雉。皆取马之名，以其灵仙所乘，能飞越江湖故也。"鲤鱼龙变，能飞越江湖，因而民间流传着"鲤鱼跳龙门"的故事，飞越龙门，鲤鱼就变成能在天空腾云驾雾、法力无边、自由自在的神龙（图1-121~图1-123）。人们用"鲤鱼跳龙门"比喻科场高中、金榜题名及一朝交运的美好心愿。可爱的孩子骑着鲤鱼，寄托了父母希望子女科举高升、飞黄腾达的愿望（图1-124）。

图 1-121　鲤鱼（春在楼）

图 1-122　鲤鱼（榜眼府第）

图 1-123　鲤鱼（玉涵堂）

图 1-124　鲤鱼（春在楼）

9. 螃蟹

螃蟹是甲壳类动物，外壳、爪子、蟹钳都很坚硬，披坚执锐、横行一方，在古代被视为一种吉祥物，寓意富甲天下、八方招财、纵横天下。

古代科举殿试后，皇上必会钦点一甲、二甲、三甲进士，三甲进士皆为科举中甲者，中甲者得以升官和光耀门楣。而科举中的"甲"联想到天生带甲的螃蟹，

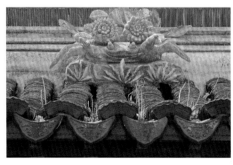

图 1-125　螃蟹（榜眼府第）

所以把螃蟹视为吉祥物，因而就有了寓意"出身不凡，天生中甲"的螃蟹纹这一吉祥纹饰，被视为科甲及第、金榜题名的吉祥象征，是才智双全，横行天下的好兆头。榜眼府第的主人冯桂芬，在道光二十年中庚子科一甲二名进士，是为榜眼，榜眼府第屋脊雕饰一只螃蟹，两朵盛放的菊花，喻"一甲二名"（图 1-125）。

三、植物

1. 牡丹花

牡丹色、姿、香、韵俱佳，《本草纲目》称：群芳中以牡丹为第一，故世谓"花王"。古时牡丹、芍药统称芍药，自唐以后始分为二，并获得"国色天香"之誉。唐诗中有"翠雾红云护短墙，豪华端称作花王"的诗句，唐代徐夤赞其"万万花中第一流"。

牡丹花大色艳、富丽堂皇、雍容典雅，宋代欧阳修赞曰"天下真花独牡丹"，故有富贵花之称。长期以来，牡丹成为富贵、吉祥、繁荣昌盛的象征，曾以之为国花。牡丹花堆塑，寓浓郁的富贵之意（图 1-126~ 图 1-131）。

图 1-126　牡丹（榜眼府第）　　图 1-127　牡丹（榜眼府第）

图 1-128　牡丹（怡园）　　　　图 1-129　牡丹（天平山）

图 1-130　牡丹（榜眼府第）　　图 1-131　牡丹（虎丘）

图 1-126	图 1-127
图 1-128	图 1-129
图 1-130	图 1-131

① (宋) 黄庭坚：《书幽芳亭》，
《黄庭坚集》，凤凰出版社，
2007 年版。

② (宋) 杨万里：《兰花》。

2. 兰花

兰花香而不浓，有"兰之香盖一国""王者香""天下第一香"等美誉和"国香"之别称。芝兰生于深林，不以无人而不芳，不与树争高，不与花争艳，不以国香自炫，独得天地间清真之气。"竹有节而啬花，梅有花而啬叶，松有叶而啬香，唯兰独并有之"，被尊为四卉木之首。兰之品性甚似君子，"雪霜凌厉而见杀，来岁不改其性也"①，成为失意文人不愿与统治者同流合污的人格象征。幽兰之慎独，又如山中隐士："雪径偷开碧浅花，冰根乱吐小红芽。生无桃李春风面，名在山林处士家。"②历代骚人墨客歌其雅姿、咏其芬芳、画其高洁，语蕴深衷，情深意长。

兰花孤高自傲，清纯芳洁，独具气清、色清、神清、韵清"四清"特色，是花中之君子。

人们常以芝兰比喻德操之美，"芝兰竞秀"，寓意为品德操行高尚的人竞相媲美；春兰与秋菊组图，寓意各擅其美；兰花与奇石组合，可谓兰芳石坚，比喻人的资质之美。元代吴镇在"岁寒三友"外添加兰花，名"四友图"，梅、兰、竹、菊称为"四君子"，后人又加上奇石（或松、水仙）合称"五友"或"五清"。兰与菊、水仙、菖蒲并称为"花草四雅"，是我国苏州园林堆塑常用的题材（图 1-132、图 1-133）。

图 1-132　兰花（天平山）　　　　　　　图 1-133　兰花（天平山）

3. 梅花

梅花，兼具松柏之质与兰竺之姿，花姿秀雅，风韵迷人，傲骨嶙峋、节操凝重。"梅花百株高士宅"，其玉洁冰清，象征着纯洁；其贞姿劲质，又象征着坚韧和气节（图 1-134）。

4. 蔓草

蔓草，其纹样又称卷草纹。西方学者认为蔓草纹样起源于古代埃及，其纹样是以常春藤为原型，将藤蔓植物的枝叶按照图案法则延伸缠绕，线条迂回流畅，辗转婀娜。常春藤属于藤蔓植物，因其具有极强的繁殖力，螺旋状的卷须缠绕在其他植物或树干上急速繁殖，乃至覆盖全体，令人们从中感受到无限生机。其婀娜多姿的造型也颇具魅力，这种象征着丰饶生命力的花纹，在古希腊被提炼成涡形花纹，与佛教一起传入东南亚和中国。

曼妙雅典的涡形蔓草纹样，有连绵不断的象征意义。其曲线优美、构形自由，充满了生命的动感。"蔓"谐音"万"，蔓草形状如带，"带"谐音"代"，蔓草由蔓延生长的形态和谐音，引申出"万代"寓意。蔓草纹犹如一条具有生命力的河流，从远古流向今天，流向未来。图1-135所示蔓草纹打成如意结，又寓意万代吉祥如意。

图1-134 梅花（怡园）　　　　　　　　　图1-135 蔓草（天平山）

5. 万年青

万年青翠绿长青、生机勃勃，且叶姿高雅、果实鲜红，寓意家庭富有、吉祥如意、健康长寿、国家太平的美好愿望，深受人们的喜爱（图1-136）。

图1-136 万年青（榜眼府第）

四、器物

1. "暗八仙"

"暗八仙"是铁拐李、吕洞宾、汉钟离、张果老、韩湘子、曹国舅、蓝采和、何仙姑八位散仙所持法器，因只见器物而不见仙人，故称为"暗八仙"，表示神仙来临之意，象征喜庆吉祥。八仙法器均用飘舞的绥带捆扎，绥带是古代印纽上的丝带，喻功名利禄，有吉祥喜庆意味。玉涵堂"三星高照"脊饰左右边分别雕饰"暗八仙"（图 1-137）；图 1-138 分别雕饰花篮、阴阳玉板、葫芦、鱼鼓；图 1-139 分别雕饰宝扇、洞箫、宝剑、荷花。

图 1-137
暗八仙
（玉涵堂）

图 1-138
暗八仙局部
（玉涵堂）

图 1-139
暗八仙局部
（玉涵堂）

（1）葫芦。相传铁拐李佩带的葫芦是天地之缩微，里面充满灵气。民间既将它视为一种避邪镇妖之物，又将它作为宗枝绵延、多子多福（葫芦是多籽之物）的象征。铁拐李的"葫芦盛药存五福"，能炼丹制药，普救众生（图1-140）。

（2）宝剑。吕洞宾身背宝剑，"剑透灵光鬼魄寒"，可镇邪驱魔。《能改斋漫录》记吕洞宾"自传"曰："世言吾飞剑取人头，吾甚哂之。实有三剑，一断烦恼，二断贪嗔，三断色欲，是吾之剑也。"此剑不是道教的斩妖剑，而是佛教斩心魔的慧剑（图1-141~图1-143）。

（3）宝扇。汉钟离手不离扇，据晋代崔豹《古今注》曰："（舜）广开视听，求贤以自辅，故作五明扇焉。秦汉公卿士大夫皆得用之，魏晋非乘舆不得用。"扇是"德"的载体，扇者，"善也"。汉钟离"慢摇葵扇乐陶然"，其玲珑宝扇能起死回生（图1-144、图1-145）。

图1-140　葫芦（天平山）　　　图1-141　宝剑（玉涵堂）

图1-142　宝剑（榜眼府第）　　图1-143　宝剑（天平山）

图1-144　宝扇（玉涵堂）　　　图1-145　宝扇（天平山）

图1-140	图1-141
图1-142	图1-143
图1-144	图1-145

（4）鱼鼓。张果老手持鱼鼓，"鱼鼓频敲传梵音"，能星相卦卜、灵验生命（图1-146~图1-148）。

（5）洞箫。韩湘子手握箫管，"紫箫吹度千波静"，妙音萦绕，使万物滋生（图1-149~图1-151）。

（6）阴阳玉板。曹国舅手持仙板，"拍板和声万籁清"（图1-152、图1-153）。

（7）花篮。蓝采和常提花篮，"花篮尽蓄灵瑞品"，篮内的神花异果，能广通神明（图1-154、图1-155）。

图1-146 鱼鼓（玉涵堂）　　图1-147 鱼鼓（榜眼府第）

图1-148 鱼鼓（天平山）　　图1-149 洞箫（玉涵堂）

图1-150 洞箫（天平山）　　图1-151 洞箫（玉涵堂）

图 1-146	图 1-147
图 1-148	图 1-149
图 1-150	图 1-151

图 1-152
阴阳玉板（天平山）

图 1-153
阴阳玉板（玉涵堂）

图 1-154
花篮（玉涵堂）

图 1-155
花篮（天平山）

（8）荷花。荷花又称莲花，为何仙姑所持宝物。"荷花洁净不染尘""濯清涟而不妖，中通外直"。人们将荷花喻为君子，给人以圣洁之形象，可修身禅静（图1-156、图1-157）。

2．聚宝盆

传说聚宝盆乃是能生出金银珠宝且取之不尽的盆儿（图1-158、图1-159），也可比喻资源丰富之处。古时，一些有钱的员外喜欢在门厅（入门处）摆放聚宝盆，希冀招来更多的财富。聚宝盆脊饰表达了园主希望财源滚滚而来，如拥有聚宝盆般神奇。

图 1-156
荷花（天平山）

图 1-157
荷花（玉涵堂）

图 1-158
聚宝盆（春在楼）

3．如意

图 1-160 中一支健硕的笔和一块银锭及周围的如意祥云，谐音为"必定如意"，表达了主人美好的愿望。

4．太阳

图 1-161 中一轮太阳散发着光芒，象征着光明温暖、生机繁盛。

5．法轮

法轮，佛教语。可以译作正法之轮，轮是佛教词汇，在藏传佛教中又称金轮。在古印度，"轮"既是一种农具，也是一种兵器，佛教借用"轮"来比喻佛法无边，具有摧邪显正的作用。释迦牟尼佛成道之初，三度宣讲"苦、集、灭、道"四谛。谓佛说法，圆通无碍，运转不息，能摧破众生的烦恼（图 1-162）。

图 1-159
聚宝盆（玉涵堂）（左）

图 1-160
如意（春在楼）（右）

图 1-161
太阳（玉涵堂）

图 1-162
法轮（寒山寺）

第三节

垂脊脊饰

垂脊又称垂带，其上端与正脊相连，有稳定正脊的作用。垂脊的下端与水戗根部平齐，因此，垂脊是鸱吻至水戗的过渡。苏州园林的垂脊上常点缀着各种装饰物。

一、人物

1. 文人风雅

（1）"陶渊明爱菊"。肩扛锄头的陶渊明与捧着一篮菊花的孩子，有"以菊为子"的寓意（图 1-163）。菊花是中国传统名花，不仅有飘逸的清雅、多姿的外观、幽幽袭人的清香，而且还具有"擢颖凌寒飙""秋霜不改条"的内质。其风姿神采成为温文尔雅的中华民族精神的象征。菊花也被视为国粹，自古受人喜爱。

"采菊东篱下，悠然见南山"[①]，辞官归田后的陶渊明采菊东篱，在闲适与宁静中偶然抬起头看见南山，人与自然的和谐交融，达到了王国维所说的"不知何者为我，何者为物"的无我之境。陶渊明被戴上"隐逸诗人之宗"的桂冠，菊花也被称为"花之隐逸者"。

南朝檀道鸾《续晋阳秋》载："陶潜九月九日无酒，于宅边东篱下菊丛中，摘盈把，坐其侧。未几，望见一白衣人至，乃刺史

① （晋）陶渊明：《饮酒》其五。

图 1-163　陶渊明爱菊（天平山）

王弘送酒也，即便就酌而后归。"陶渊明的这种生命方式，已如一幅中国名画一样不朽，人们也把其当作一幅图画去惊赞[1]。菊花的品性，和陶渊明的人格交融为一。正如《红楼梦》中所咏："一从陶令平章后，千古高风说到今。"因此，菊花有"陶菊"之雅称，象征着陶渊明不为五斗米折腰的傲岸骨气。东篱为菊花圃的代称。"昔陶渊明种菊于东流县治，后因而县亦名菊"[2]。陶渊明与陶菊成为印在人们心灵的美的意象。[3]

① 朱光潜：《谈美书简二种》，上海：上海文艺出版社，1999年版，第8页。

② （清）陈淏子：《花镜》。

③ 曹林娣：《静读园林》，北京：北京大学出版社，2005年版，第188页。

④ 曹林娣：《静读园林》，北京：北京大学出版社，2005年版，第121页。

（2）"林和靖爱梅"。手持拐杖的林和靖，身旁有枝干虬曲的梅花，怀里拥着笑吟吟天真可爱的孩子，象征他"以梅为子"的情怀（图1-164）。梅花的神清骨爽，娴静优雅，与遗世独立的隐士姿态颇为相契。宋时文人爱梅赏梅，蔚为风尚，文人雅客赏其醉人的风韵和独特的风姿；他们托梅寄志，以梅花在凄风苦雨中孤寂而顽强地开放，象征不改初衷的赤诚之心。林和靖住在杭州西湖的孤山，足不及市近二十年，不娶妻生子，唯在居室周围种梅养鹤，人称妻梅子鹤。他的诗作《山园小梅》："众芳摇落独暄妍，占尽风情向小园。疏影横斜水清浅，暗香浮动月黄昏。霜禽欲下先偷眼，粉蝶如知合断魂。幸有微吟可相狎，不须檀板共金樽。"成为咏梅绝唱。他的名字和梅联系在一起，死后人们立庙祭祀，称为"逋仙"，庙中配祀"梅影夫人"[4]。

（3）"文士持扇"。折扇，又称折叠扇、聚骨扇等。最初为来自日本、琉球和朝鲜的贡物，发明自日本，故又称倭扇。因是日本人模仿蝙蝠的外形而发明，所以也称蝙蝠扇。据文献记载和专家考证，北宋时传入中国。自明代开始在中国大规模生产，也自明代开始折扇才完全进入士大夫的艺术世界以及审美视野，并与士大夫的雅趣合流。文人在折扇上挥洒翰墨、寄情言志，扇面艺术成为文人的一方艺术天地。文士持扇在芭蕉下沉吟，为文人们的形象特征（图1-165）。

图1-164 林和靖爱梅（天平山）

图1-165 文士持扇（耦园）

2. 瓦将军

耦园的瓦将军脊饰或一尊或两尊，以安镇宅第、辟邪迎祥：姜子牙钓鱼脊饰，取"姜子牙在此，百无禁忌"之意（图1-166）；挂剑官员后跟贴身护卫脊饰（图1-167）及两护院瓦将军脊饰（图1-168），表现了私有制社会对家庭平安的期盼。

虎丘瓦将军脊饰或为手握武器的护房人，或为站立的一员虎将（武神），具有一定威慑力，下端雕寿桃或石榴，寄寓世人对健康长寿及多子丰饶的理想（图1-169、图1-170）。

凝固诗画——塑雕

图 1-166	图 1-167
图 1-168	图 1-169

图 1-170

图 1-166
瓦将军（耦园）

图 1-167
瓦将军（耦园）

图 1-168
瓦将军（耦园）

图 1-169
瓦将军（虎丘）

图 1-170
瓦将军（虎丘）

天平山五尊瓦将军脊饰都是手持兵器、雄赳赳的武士，可能与清乾隆下江南巡视天平山有关。图1-171为一持械带笑将军；图1-172、图1-173均为一蹲守将军持刀注视远方；图1-174为威武站立着的一员虎将；图1-175为蹲守着的将军警惕地远眺。

图 1-171	图 1-172
图 1-173	图 1-174
图 1-175	

图 1-171
瓦将军（天平山）

图 1-172
瓦将军（天平山）

图 1-173
瓦将军（天平山）

图 1-174
瓦将军（天平山）

图 1-175
瓦将军（天平山）

3. 仙佛

（1）"四大天王"。"四大天王"俗称"四大金刚"，是佛教王国里名气最大的护法神，也是常说的"风调雨顺"四大天王。

"风"是手握宝剑的南方增长天王（图1-176），名毗琉璃，身蓝色，穿甲胄。"增长"是指能传令众生，增长善根，护持佛法。南方增长天王手持宝剑，以保护佛法不受侵犯，也象征智慧能断一切愚痴与邪恶。

"调"是手持琵琶的东方持国天王（图1-177），名多罗吒，身白色，穿甲胄。"持国"意为慈悲为怀，保护众生。东方持国天王主守东方，以音乐来使众生皈依佛门，护持国土。

图 1-176
四大天王（寒山寺）

图 1-177
四大天王（寒山寺）

"雨"是手持宝伞的北方多闻天王（图1–178），名毗沙门，身黄色，穿甲胄。"多闻"比喻福德之名闻于四方，北方多闻天王在印度神话中是财富之神。

"顺"是手缠紫金龙的西方广目天王（图1–179），名毗留博叉，身红色，穿甲胄。"广目"意为能以清净天眼随时观察世界，护持人民。

（2）"降龙伏虎"罗汉。降龙罗汉指庆友尊者（图1–180），传说他曾降伏过恶龙，是十八罗汉中的第十七位，是由清乾隆皇帝钦定的。

伏虎罗汉指宾头卢尊者（图1–181），传说他曾降伏过猛虎，是十八罗汉中的第十八位，是由清乾隆皇帝钦定的。

图 1–178	图 1–179
图 1–180	图 1–181

图 1–178　四大天王（寒山寺）　　图 1–179　四大天王（寒山寺）
图 1–180　降龙罗汉（寒山寺）　　图 1–181　伏虎罗汉（寒山寺）

二、动物

1. 幻想灵物

龙、凤凰、麒麟等幻想灵物，是民间最寄厚望的祥瑞动物，垂脊脊饰上自然会频频出现。凤戏牡丹（图 1-182 ~ 图 1-185）、龙腾祥云（图 1-186）、麒麟脚踏祥云（图 1-187）有镇邪献瑞之意，即"麒麟献瑞"。

图 1-182　幻想灵物（沧浪亭）　　图 1-183　幻想灵物（留园）

图 1-184　幻想灵物（耦园）

图 1-182	图 1-183
图 1-184	

第
一
章
堆
塑
（
上
）

图 1-185
幻想灵物（怡园）

图 1-186
幻想灵物（耦园）

图 1-187
幻想灵物（拙政园）

2. 狮子

狮子为民间吉祥物，或蹲垂脊，守护着家园；或舞绣球，一派喜庆色彩
（图 1-188~ 图 1-194）。

图 1-188　狮子（虎丘）
图 1-189　狮子（沧浪亭）
图 1-190　狮子（虎丘）
图 1-191　狮子（玉涵堂）
图 1-192　狮子（沧浪亭）
图 1-193　狮子（天平山）
图 1-194　狮子（怡园）

图 1-188	图 1-189
图 1-190	图 1-191
图 1-192	图 1-193

图 1-194

3. 象

民间也钟情大象。"象"与"祥"谐音，为吉祥之物。象体形庞大，力气惊人，却性情温和，行为端正，知恩必报，与人一样有羞耻感，常负重远行，是"兽中有德者"。象的出现，被视为吉祥灵瑞的象征。《宋书·符瑞志》云："白象者，人君自养有节则至。"相传古代圣王舜曾驯象犁地耕田。《尔雅·释地》云："南方之美者，有梁山之犀象焉。"象身上的皮、骨、牙等部分，均具有很高的实用价值，特别是象牙，更是珍贵的手工艺材料。象牙制品自古备受人们的珍爱，并进而成为地位与富贵的重要象征。周朝时，贵为诸侯者才可以持象笏。后来，朝臣的手板一品到五品皆为象牙所制，五品以下则为木制，象笏也成了身份地位的标志与象征。白象驮万年青（图1-195），取"万象更新"的吉祥含义。

图1-195 万象更新（天平山）

4. 鹿

鹿神崇拜属于原始的动物崇拜、图腾崇拜范畴。特别是白鹿，具有十分丰富的吉祥文化意蕴。白鹿的出现，被认为是上天对君王贤德、政治清明的肯定与褒奖。传说白鹿是长寿仙兽，鹿角高耸且定期更新，是生命周期性再生的古老象征。而白色自古便有祥瑞、长寿的含义，人们常借白鹿来表达祝寿、祈寿的美好愿望。"鹿"因与"禄"谐音，便成了禄文化最重要的祥瑞之物，成为求禄者心中的吉祥图腾。图1-196脚踏祥云的鹿与蝙蝠、寿桃组成"福禄寿"吉祥寓意。图1-197鹿与柏树组合，表达了"鹿柏同春"的美好情感。

图 1-196
鹿（寒山寺）

图 1-197
鹿（天平山）

5. 松鼠

松鼠常与葡萄等多籽的植物组图。葡萄枝叶蔓延，果实累累，酸甜可口。佛经说持此草果，则旺谷不损。葡萄是丰收、富贵、长寿、多子的象征。松鼠吃葡萄，寓意丰饶富裕，多子多孙（图 1-198）。

6. 仙鹤

仙鹤与寿石、松柏组图寓意长寿有福、松鹤延年。《诗经》所云"如南山之寿，不骞不崩"，赞颂山石的长久，也使石与寿融于一种品格。石的朴实无华及历经风霜不改貌的特质，正所谓"石不能言最可人"。代表长寿的鹤、石、松，寄托了主人希冀高寿的愿望（图 1-199）。

图 1-198
松鼠吃葡萄（耦园）

图 1-199
仙鹤（天平山）

三、植物

1. 灵芝

灵芝又称瑞芝、瑞草，乃仙品。古传说食之可葆长生不老，甚至入仙。汉代班固《西都赋》载："于是灵草冬荣，神木丛生。"李善注："神木灵草，谓不死药也。"灵芝又名三秀，古人认为灵芝是"禀山川灵异而生""一年三花，食之令人长生"，因此被视为吉祥之物。如鹿衔灵芝喻长寿、如意头取灵芝形以示吉祥（图 1-200）。

2. 梅花

梅花生性耐寒，冬天孕花蕾于隆冬寒风之中，率万木之先开花于冬末，在冰天雪地的严寒中绽放出俊雅的花朵，带来春的气息，给人以力量和信心，显示了崇高的理想品格。"一树独先天下春"，真可谓春天的信使。

梅花冰清玉洁、繁花满枝、俏丽可爱，为我国传统名花之一。其花形美丽而不妖艳，其花味清韵而又芳香，自古以来深受人们喜爱。

梅花花开五瓣，象征快乐、幸福、长寿、顺利、和平五福，故又名"五福花"，且与松、竹合称"岁寒三友"。古人赋予梅花"四德"：初生为元，开花如亨，结子为利，成熟为贞。

梅花花枝虬曲，象征着主人的品格和气节（图1-201、图1-202）；梅花盆景与寿桃的组合，寄寓着主人祈盼福寿的愿望（图1-203）。

图1-200
灵芝（天平山）

图1-201
梅花（耦园）

图 1-202
梅花（耦园）

图 1-203
梅花（狮子林）

3. 桃

　　古人认为桃有驱鬼辟邪的作用，因有桃符、桃人、桃汤、桃木剑等，以御凶鬼。

　　南朝宗懔《荆楚岁时记·正月》载："进椒柏酒，饮桃汤……造桃板著户，谓之仙木。"据说，桃为玉衡星散开而生成，为夸父手杖化成。夸父逐日，口渴难忍，饮于黄河、渭水不足解渴，想北上饮大泽；但没有找到大泽，便口渴而死，遂弃其手杖，手杖化为桃林。

　　桃在神仙世界中，有仙桃、寿桃之称。《神农经》载："玉桃服之长生不死。若不得早服之，临死日服之，其尸毕天地不朽。"寿桃之桃，为西王母的蟠桃，传说西王母瑶池所种蟠桃为桃中之最。蟠桃三千年一开花、三千年一结实，食一枚可增寿六百年。旧时常以此祝贺寿辰，苏州园林吉祥图案大多离不开寿桃（图 1-204~图 1-207）。

图 1-204
桃（怡园）

图 1-205
桃（留园）

图 1-206
桃（拙政园）

图 1-207
桃（狮子林）

凝固诗画——塑雕

4. 仙卉

　　杨叶，即杨柳枝叶，柔软多姿，不择肥瘠，为生命力的象征（图1-208）。杨叶、蔓草均属仙卉类。杨叶、蔓草纹样，都有连绵优雅的线条，洋溢着动感与生命的韵律。蔓草因蔓延生长形状如带，引申出"万代"寓意（图1-209~图1-213）；蔓草呈禾穗状，兼有岁岁平安、丰饶之意（图1-214）；花叶连绵的仙卉蕴有繁盛富贵之意（图1-215）。

图 1-208 ｜ 图 1-209
图 1-210 ｜ 图 1-211
图 1-212

图 1-208
仙卉（留园）

图 1-209
仙卉（耦园）

图 1-210
仙卉（耦园）

图 1-211
仙卉（耦园）

图 1-212
仙卉（耦园）

凝固诗画——塑雕

图 1-213
仙卉（耦园）

图 1-214
仙卉（怡园）

图 1-215
仙卉（留园）

5. 石榴

石榴，又名安石榴、海石榴、金罂、沃丹、丹若等，汉代同佛教一起从中亚、西亚地区流传到中国。佛教视石榴为圣果，希腊神话称石榴为忘忧果。石榴繁花似锦，鲜红如火，一直是繁荣的象征。石榴皮内有籽，累累数百粒，"十房同膜，千子如一"，自南北朝开始，人们就喜欢"榴开百子"的吉祥含义。"五月榴花照眼明，枝间时见子初成"（唐代韩愈《榴花》），石榴渐成祝福婚后多子女的象征物，且广泛应用于园林建筑装饰。苏州园林脊饰上的石榴，有水仙盆景置于下端的，为仙人祝福多子之意（图1-216），一般均以盆景样式堆塑（图1-217~图1-221）。

6. 万年青

万年青常绿青翠，果实红润，意蕴吉祥幸福、长盛不衰之意（图1-222）。

图1-216　石榴（狮子林）
图1-217　石榴（拙政园）
图1-218　石榴（留园）

图1-216	图1-217
图1-218	

图 1-219
石榴（天平山）

图 1-220
石榴（沧浪亭）

图 1-221
石榴（留园）

图 1-222
万年青（虹饮山房）

凝固诗画——塑雕

第二章

堆塑（下）

苏州园林房屋的山墙形状，大多有形似岭南五行山墙中的"金"形山墙，也有少数"土"形山墙，在苏州称为"观音兜"；既有生财吉祥之意，兼有"金生水"压火之意，也有慈悲观音佑助之祥瑞含义。山墙上部称为"山花"处，粉墙如纸，堆塑如绘，可见一幅幅生动的立体雕塑墙饰：有凤凰、仙鹤、鹿、蝙蝠、松、梅、竹、万年青、灵芝等瑞兽祥禽和灵木仙卉组成的吉祥图案，也有仙佛人物、神话传说、戏剧故事及少许堆塑小品，美不胜收。

第一节

动植物墙饰

一、瑞兽祥禽

1. 盘龙

龙的神勇以及它能吐水保平安等神力，对私家园林具有很大的诱惑。为避僭越之嫌，私家园林一般用草龙纹、夔龙纹做装饰，大多为四爪龙、三爪龙，以区别作为皇帝象征的"五爪金龙"，或盘曲为团龙。图2-1为春在楼盘龙墙饰，上有"停云陇"三字，款署范允临。范允临为宋朝名臣范仲淹第十七代孙，明人，故猜测该盘龙乃明塑，系移置。

2. 凤凰

民间喜欢凤凰的优美靓丽，"丹凤朝阳"是凤凰最辉煌的形象（图2-2），这类图案早在秦代阿房宫的瓦当上就出现了。苏州园林墙饰不乏凤凰图案，有凤戏牡丹（图2-3~图2-5）、双凤呈祥（图2-6、图2-7），也有单凤兀立，旁饰灵芝、祥云，可谓"有凤来仪"（图2-8）。

图2-1　盘龙（春在楼）

第二章 堆塑（下）

图 2-2
凤凰（天平山）

图 2-3
凤凰（狮子林）

图 2-4
凤凰（虎丘）

图 2-5
凤凰（拙政园）

凝固诗画——塑雕

图 2-6
图 2-7 │ 图 2-8

图 2-6
凤凰（拙政园）

图 2-7
凤凰（虎丘）

图 2-8
凤凰（虎丘）

3. 狮子、象鼻龙

狮子、大象由于含义吉祥，也常出现在墙饰上。图 2-9 三狮舞绣球；图 2-10~ 图 2-12 为象鼻龙造型，最早出现在唐代，可能与崇佛有关。佛界有以象喻佛一说，此是将代表"佛法无比"的动物"龙化"的特殊产物。

图 2-9　狮子（虎丘）

图 2-10　象鼻龙（拙政园）

图 2-11　象鼻龙（严家花园）　　　　　　　图 2-12　象鼻龙（北半园）

4. 蝙蝠

蝙蝠大量装饰在山墙上部的山花部位，常常双翅舒展头朝下，为"福到"的象征（图 2-13、图 2-14），蝙蝠可组成多种吉祥图案，常见的为"五福捧寿"：五只蝙蝠围绕一个"寿"字，"寿"用百寿图中各种变体文字或者松鹤图案表示（图 2-15）。图 2-16 为三只蝙蝠捧如意头，喻福寿如意。

图 2-13　蝙蝠（怡园）　　　　　　　　　图 2-14　蝙蝠（古松园）

图 2-15　蝙蝠（拙政园）　　　　　　　　图 2-16　蝙蝠（网师园）

象征福寿的蝙蝠常和寿桃组成吉祥图案。蝙蝠口衔两枚古钱，下垂两个寿桃，或蝙蝠衔两个寿桃，下有两枚铜钱，古钱喻"双全"；"蝠"喻"福"，"寿桃"指代"长寿"，组成的图案寓意"福寿双全"（图2-17、图2-18）；蝙蝠口衔仙桃，表示福寿吉祥（图2-19）；铜钱多方孔，方孔又称"钱眼"，蝙蝠与之组合，喻"福在眼前"（图2-20~图2-22）。

图 2-17　蝙蝠（虹饮山房）

图 2-18　蝙蝠（拙政园）

图 2-19 蝙蝠（耦园）

图 2-20 蝙蝠（怡园）

图 2-21 蝙蝠（狮子林）

图 2-22 蝙蝠（拙政园）

蝙蝠口衔磬，张开双翅飞翔，磬下挂双鲤鱼，喻"福庆双利"（图 2-23）或"福余双利"（图 2-24）。

图 2-23 蝙蝠（拙政园）

图 2-24 蝙蝠（耦园）

5. 鹿

图 2-25 和图 2-26 象征福气和俸禄的祥鹿居中，飞翔的蝙蝠和折枝寿桃分居双侧，寓意"福、禄、寿"三星高照，画面生动，别出心裁。

柏树与鹿组成"柏鹿同春"图案。柏树与松树均为象征长寿的植物，古人以为，柏枝常指向西方，是贞德之兆；而西方五行中的正色是白色，所以"柏"字从"白"，柏树以其吉祥克制邪物（图 2-27~ 图 2-31）。

图 2-25
鹿（拙政园）

图 2-26
鹿（狮子林）

图 2-27　鹿（耦园）

图 2-28
鹿（榜眼府第）

图 2-29
鹿（狮子林）

图 2-30
鹿（寒山寺）

图 2-31 鹿（玉涵堂）

图 2-32 内涵丰富，有双鹿、松树、佛塔及人物，鹿既代表富贵，又代表慈善、友谊。在佛陀的本生谭中，有佛陀常化现鹿身的说法，佛教还有佛母为鹿女的传说，佛经中常常以鹿为喻。图 2-33~ 图 2-35 鹿、鹤组成"六合同春"吉祥图案，古谓东南西北四方与天地共六合，"鹿"与"六"谐音，"鹤"与"合"谐音，而构成"六合同春"，颂扬天下皆春，万物欣欣向荣的美好情景。

图 2-32 鹿（拙政园）

图 2-33 鹿（天平山）

图 2-34 鹿（留园）

图 2-35 鹿（寒山寺）

6. 仙鹤

仙鹤常与松组图，并点缀着灵芝、寿石等象征长寿之灵物（图2-36~图2-46）。

图2-36 仙鹤（榜眼府第）

图2-38 仙鹤（虎丘）

图2-37 仙鹤（畅园）

图2-40 仙鹤（拙政园）

图2-39 仙鹤（狮子林）

图2-42 仙鹤（留园）

图2-41 仙鹤（天平山）

图2-43 仙鹤（严家花园）

图 2-44　仙鹤（玉涵堂）

图 2-45　仙鹤（狮子林）

图 2-46　仙鹤（寒山寺）

　　耦园"山水间"西侧山墙上塑有双鹤和松、竹、梅组合的"岁寒三友"图案，象征友谊或爱情的永恒。鹤为纯情之鸟，雄鹤主动求偶，声闻数里，并引颈耸翅，叫声不绝；雌鹤则翩翩起舞，给予回应。双鹤对歌对舞，你来我往，一旦交配成对，便偕老至终。雌鹤产卵卧窝孵化时，雄鹤左右不离以警戒，雌鹤出巢觅食时，雄鹤则代替雌鹤孵卵，浪漫而又恩爱（图 2-47）。

　　7. 鸳鸯

　　鸳鸯素以"世界上最美丽的水禽"著称于世，往往是"止则相耦，飞则成双"。古人误以为鸳鸯是终身相匹之禽，称之为匹鸟，用以象征情侣或忠贞不贰的爱情。因此，鸳鸯被认为是祝福夫妻和谐幸福的吉祥物。鸳鸯戏荷，常比喻夫妻和谐幸福、婚姻美好（图 2-48）。

图 2-47　仙鹤（耦园）　　　　　　　图 2-48　鸳鸯（天平山）

8. 鹰

① （唐）李白：《独漉篇》。

② （明）唐寅：《画鸡》。

鹰，又叫鸷、鸢、鹫、枭、雕等，是专食小动物的凶猛大鸟。其飞行速度快，眼睛能看清十几公里外一只小鸡的一举一动，性情狡诈且凶残异常。猎人们常设法诱捕它，并将其驯养成为人类效命的抓捕能手。"神鹰梦泽，不顾鸱鸢。为君一击，鹏抟九天"①，鹰雄健敏捷，"鹰"与"英"谐音，若单脚独立，寓意英雄独步天下，驰骋江山；若张开双翅扑下，则象征凶悍、勇猛和力量，对盗贼等具有震慑作用，是"镇宅神鹰"（图 2-49）。

9. "室上大吉"

雄鸡立于巨石之上，昂首挺胸、引吭高歌，寓意雄鸡报晓、催人奋进，闻鸡起舞、大吉大利。"头上红冠不用裁，满身雪白走将来。平生不敢轻言语，一叫千门万户开。"②据说，黄帝战蚩尤后，天帝命九天玄女下凡变成雄鸡，一到卯时即啼鸣，于是太阳东升照耀天下，使人类摆脱幽冥世界。所以，鸡为报晓之物、阳明之神。

雄鸡鸡冠高耸、火红，"冠"与"官"谐音，喻指飞黄腾达，升官发财。所以，古人视鸡为吉祥物。雄鸡立于石上，"石"与"室"谐音，"室"即房屋，"鸡"与"吉"谐音。石上鸡即"室上大吉"，喻阖府安康、生活富裕、大吉大利（图 2-50）。

图 2-49、图 2-50 两幅墙饰分别出现在耦园听橹楼南北山墙上，此楼原为守更人所居，墙饰可为守夜人助威。

图 2-49　鹰（耦园）　　　　　　图 2-50　室上大吉（耦园）

二、植物

1. 牡丹花、菊花

牡丹花与菊花分别象征富贵（图2-51）与长寿（图2-52）。

图2-51
牡丹花（天平山）

图2-52
菊花（狮子林）

2. 万年青

万年青，又叫千年蒀、冬不凋草，并有九节莲、状元红的美名。其叶丛生，革质肥厚，色深绿，呈带状。春季开花，花从叶中抽出，顶端呈穗状，结球状浆果，成熟后彤红，终冬不凋，一直被视为吉祥之物。清代陈淏子《花镜》云："吴中人家多用之，造屋易居、行聘治塘、小儿初生，一切喜事，无不用之，以为祥瑞口号。""至于结姻礼聘，虽不取生者，亦必剪造绫绢，肖其形以代之。"万年青墙饰有健康长寿的寓意（图2-53）。

图2-53
万年青（怡园）

3. 荷花

荷花，又称芙蕖、水芝、水芙蓉、玉环、灵草、玉芝、芙蓉、水宫仙子等。荷花色彩艳丽，风姿幽雅，是中国的传统名花。中国最早的诗歌总集《诗经》中就有关于荷花的描述"山有扶苏，隰与荷华"，"彼泽之陂，有蒲有荷"。自北宋周敦颐《爱莲说》"出淤泥而不染，濯清涟而不妖"赞美荷花的高洁品格，荷花便成为"君子之花"（图2-54）。

图 2-54
荷花（严家花园）

4. 海棠花

海棠花姿潇洒，花开似锦，素有"花中神仙""花之贵妃""百花之尊"之称，图2-55海棠花盛开，枝叶绵延，含有如意美好、富贵万代之意。

图 2-55
海棠花（狮子林）

第二节

仙佛人物墙饰

一、寿星及三星高照

寿星（图2-56）本为恒星名，为福、禄、寿三星之一，即南极星，旧时以为此星主寿。后寿星演变成仙人名称，即南极老人，又称南极仙翁。寿星形象多为白须老翁，持杖，额部隆起，常衬以鹿、鹤、仙桃、灵芝等，象征长寿。

图2-57墙饰上手持仙桃的老寿星、象征爵禄的梅花鹿、骑在鹿背上的福仙，与周边点缀着的灵芝、松树，象征着福、禄、寿三星高照。

图2-56
寿星（寒山寺）

图2-57　三星高照（狮子林）

二、和合二仙

　　"和合二仙"墙饰寓意夫妻和睦，福禄无穷，所谓"家合万事兴"（图2-58）；"和合二仙"迎着团寿起舞，大公鸡居中站立，象征夫妻和睦长寿、大吉大利（图2-59）；彩带穿着古钱，三足金蟾口吐金钱，图案中的荷花与盒，象征"和合二仙"（图2-60），喻富贵和合就在眼前。

图 2-58
和合二仙（春在楼）

图 2-59
和合二仙（狮子林）

图 2-60
和合二仙（拙政园）

三、牛郎织女

牛郎织女的故事，是我国四大民间爱情传说之一。牛郎、织女原是天上的两颗星，汉末开始神化。《古诗十九首》有"迢迢牵牛星，皎皎河汉女。纤纤擢素手，札札弄机杼。终日不成章，泣涕零如雨。河汉清且浅，相去复几许。盈盈一水间，脉脉不得语"的描写。南朝殷芸《小说》载："天河之东有织女，天帝之子也。年年机杼劳役，织成云锦天衣，容貌不暇整。帝怜其独处，许嫁河西牵牛郎，嫁后遂废织纴。天帝怒，责令归河东，但使一年一度相会。"此后故事被不断升华，逐渐演变为民间传说中的经典爱情故事。说的是民间孤儿牛郎和下凡游玩的七仙女，在老牛的帮助下结为夫妇。婚后男耕女织，情深意重，并养育了一

凝固诗画——塑雕

对儿女。织女还把从天上带来的天蚕分给周围的人，教大家养蚕，抽丝，织出又光又亮的绸缎。但美好的男耕女织生活并不长久，织女被王母娘娘召回天庭，牛郎、织女被阻隔在银河两岸相对哭泣。他们真挚的爱情感动了喜鹊，千万只喜鹊搭成鹊桥，使得牛郎、织女每年农历七月初七得以在鹊桥相会。"牛郎织女"的故事反映了农耕民族的生活理想（图2-61）。

图2-61　牛郎织女（春在楼）

四、铁拐李

铁拐李又称李铁拐、李凝阳、李洪水或李玄，是中国民间传说及道教中的八仙之首。传说他精于药理，普救众生，深得百姓拥戴，被封为"药王"。铁拐李的形象是瘸着一条腿，拄着一根铁拐，身背一只形影不离的大药葫芦，据说葫芦里装着取之不尽的灵丹妙药（图2-62）。

图2-62　铁拐李（狮子林）

五、嫦娥奔月

嫦娥，是中国神话中的月宫仙子。《山海经》载是上古天帝——帝俊之女，后羿之妻，其美貌非凡。神话传说嫦娥因服用后羿自西王母处所求得的不死药而奔月成仙，居住在月亮上面的广寒宫之中（图 2-63）。

图 2-63　嫦娥奔月（虹饮山房）

六、十八罗汉

最早有释迦牟尼所令常住人世弘法的十六罗汉。记载于唐玄奘法师译的《大阿罗汉难提蜜多罗所说法住记》（简称《法住记》）中，现存最早的十六罗汉雕像在杭州烟霞洞，是吴越王的妻弟发愿所造。

十八罗汉是佛教中国化后形成的。"九"在中国称"天数"，"十八"含有两个"九"，为吉祥数。"十八罗汉"之数，最早是宋苏东坡得自蜀地简州金水张氏所画之"十八罗汉图"。

增加的两位罗汉，宋代志磐《佛祖统记》认为，应该是迦叶尊者与君徒钵叹尊者（《弥勒下生经》中记载）。乾隆皇帝和章嘉呼图克图活佛认为：十八罗汉的最后两位应该是降龙罗汉和伏虎罗汉，降龙、伏虎很符合中国人的品位，再加上是钦定，从此十八罗汉便被确定下来。

图 2-64 所塑九罗汉分别如下。

布袋罗汉即因揭陀尊者（图 2-65）。相传是印度一位捉蛇人，他的布袋原是装蛇的袋子。为使行人免被蛇咬，他将蛇捉住后拔其毒牙而放生于深山，因发善心而修成正果。相传五代梁朝时他在中国的奉化显身；贞明三年（917 年），他在岳林寺磐石上说佛偈曰："弥勒真弥勒，分身千百亿。时时示时人，时人自不识"，说完便失踪了。

看门罗汉即注荼半托迦尊者（图 2-65），是佛祖释迦牟尼亲信弟子之一。他到各地去化缘，常常用拳头叫屋内的人出来布施。一次因人家的房子腐朽而被他打烂，结果道歉认错。后来佛祖得知，点拨道："我赐你一根锡杖，以后化缘不用打门，用锡杖在人家门前摇动，有缘的人自会开门，如不开门就是没缘的人，改到别家去好了！"原来这"锡杖"上有几个环，摇动时发出"锡锡"的声音，

图 2-64
十八罗汉（寒山寺）

图 2-65
十八罗汉（寒山寺）

人家听到这声音，果然开门布舍。

探手罗汉即半托迦尊者，相传是药叉神半遮罗之子。据说，古印度王舍城内一山边有药叉神名叫婆多，北方犍陀多罗国也有一药叉神名叫半遮罗。婆多与半遮罗的妻子同时怀孕，于是指腹为婚。后来婆多生女，半遮罗生子。半遮罗所生子即半托迦，出家修成正果，并度婆多的女儿成道。他打坐时常用将一腿架于另一腿上的单盘膝法，打坐完毕双手举起长呼一口气，故称探手罗汉。

长眉罗汉即阿氏多尊者，阿氏多是梵文无比端正的音译。长眉罗汉生下来就有两条长长的白眉毛，原来他前世即是一位和尚，因修行到老，眉毛都脱落了，仍然修不成正果，死后再转世为人。阿氏多出世后，有人对他父亲说道："佛祖释迦牟尼有两条长眉，你的儿子也有长眉，是佛相。"因此他的父亲就送他入寺门出家，终于修成罗汉果。

托塔罗汉即苏频陀尊者，是佛祖释迦牟尼所收的最后一位弟子。塔，是取梵文"塔婆"一词的第一音。在佛教传入中国之前，中国没有塔，故特造"塔"字。佛教中的塔，是载佛骨的器具，于是塔也成为佛的象征。苏频陀为纪念其师，特地一手托着宝塔随身携带，意为佛祖常在。

沉思罗汉即罗怙罗尊者。罗怙罗本是印度一星宿的名字，古印度认为日食和月食是由一颗能蔽日月的星所形成。沉思罗汉是在月食之时出世，故取蔽日月之星命名。他是释迦牟尼的亲生儿子，以修"密行"著名，"密行"即在沉思中能知人所不知，在行功时能行人所不能行。

静坐罗汉即诺距罗尊者。诺距罗可译作大力士，他原为战士，力大无比，后来出家当和尚，修成正果。师父教他静坐修行，放弃从前当战士时那种打打杀杀的念想，故他低头闭眼，双手放在盘膝上静坐，但仍显现出大力士的体格。

坐鹿罗汉即宾罗跋罗多尊者（图 2-67）。宾罗是印度十八姓之一，是贵族婆罗门的望族；跋罗多是名，本为印度优陀延王的大臣，权倾一国。但宾罗跋罗多忽然发心去做了和尚，优陀延王亲自请他回宫做官，他怕国王啰唆，遂遁入深山修行。一日，皇宫前出现一名骑鹿和尚，御林军认得是跋罗多，连忙向优陀延王报告。国王即出来接他入宫，说国家仍然虚位以待。跋罗多用种种比喻，说明各种欲念之不可取。结果国王让位于太子，随他出家了。

降龙罗汉即庆友尊者，原名难提蜜多罗，"难提"梵文为"喜庆"之意，"蜜多罗"梵文为"朋友"之意。佛祖曾为他解释法六念，因而修成阿罗汉果。相传古印度时有个叫波旬的恶魔，煽动那揭国人杀害和尚，尽毁佛殿佛塔，将所有佛经劫到那竭国去。龙王遂发洪水，将那竭国淹没，把佛经收藏于龙宫之内。后来佛经由庆友尊者入龙宫取回，故名降龙罗汉。

图 2-66 所塑九位罗汉分别如下。

开心罗汉即戍博迦尊者，是天竺国太子（图 2-67）。国王立他为储君，他的

图 2-66
十八罗汉（寒山寺）

图 2-67
十八罗汉（寒山寺）

弟弟因而作乱。他对弟弟说："你来做皇帝，我出家。"弟弟不信，他又说："我心中只有佛，你不信，看看吧！"说也奇怪，他打开衣服，弟弟看见他的胸前果然有一佛，因此才相信他，不再作乱。他也真的出家，后来到中国的京城长安传教。形象为双手掀开衣服，胸前露一"佛像"的开心罗汉。

挖耳罗汉即那迦犀那尊者。"那迦"译作"龙"，"犀那"译为"军"，那迦犀那即龙的军队的意思，比喻法力强大。这位罗汉住在印度半度坡山上，因论《耳根》而名闻印度。所谓六根清净，耳根清净是其中之一。佛教中除不听各种淫邪声音之外，更不可听别人的秘密。取挖耳之形，以示耳根清净。

骑象罗汉即迦理迦尊者。象的梵文名为迦理，迦理迦即骑象人之意。象的威力大，耐劳又能致远，是佛法的象征。迦理迦本是一位驯象师，出家修行后成正果。

举钵罗汉即迦诺迦跋厘隋阁尊者。钵是和尚用来盛饭菜的铁制食具，迦诺迦跋厘隋阁尊者是一位化缘和尚，经常举铁钵，向施主们乞食。

笑狮罗汉即罗弗多尊者。狮子代表佛教的神威，佛说法称"狮子吼"。据传，罗弗多原为专门猎狮的猎人，后得一和尚感化出家，戒杀一切生物。当他修成正果时，有一只小狮走到他身边，似乎感激他放下屠刀，不杀它的父母兄弟，他就把小狮带在身边，后来得道，连小狮子也成为神物。

芭蕉罗汉即伐那婆斯尊者。伐那婆斯梵文为"雨"的意思。相传他出生时，雨下得正大，芭蕉树叶被打得沙沙作响，其父亲因此为他取名为雨。出家后他修成罗汉果，相传喜在芭蕉下修行。

喜庆罗汉即迦诺伐蹉尊者，也称欢喜罗汉，是古印度善于谈论佛学的演说家及雄辩家。问："什么叫作喜？"答："由听觉、视觉、嗅觉、味觉和触觉而感到的快乐谓之喜。"问："何谓之高兴？"答："不由耳眼口鼻手所感觉的快乐，就是高兴。例如诚心向佛，心觉佛在，即感快乐。"他在演说及辩论时，常两手向前，开口大笑，以论喜庆而名闻天下。

伏虎罗汉即宾头卢尊者。曾是印度婆罗门贵族，因诚心拜佛，国王命他出家。他出家修行的寺门，每日可闻虎啸。他说虎饿了，如果不给斋菜，就会吃人。于是将众和尚的饭菜取出一些，用桶载着放在门外，老虎果然晚上来吃。因他收服了老虎，故名伏虎罗汉。

过江罗汉即跋陀罗尊者，跋陀罗之意是"贤"。据传，跋陀罗原为印度稀有的树木，因其生于此树下，故名。相传东印度群岛的佛教，因跋陀罗从印度乘船到东印度群岛中的爪哇岛去得以流传，因此称之为过江罗汉。

七、渔樵问答

"渔樵问答"是流传久远的古琴名曲，是几千年文化的沉淀。图 2-68 渔夫摇着小舟；图 2-69 樵夫肩扛柴火，两人互相问答。

图 2-68 渔樵问答（天平山）

图 2-69 渔樵问答（天平山）

曲谱最早见于明代萧鸾撰《杏庄太音续谱》："古今兴废有若反掌，青山绿水则固无恙。千载得失是非，尽付渔樵一话而已。"近代《琴学初津》说此曲："曲意深长，神情洒脱，而山之巍巍，水之洋洋，斧伐之丁丁，橹声之欸乃，隐隐现于指下。迨至问答之段，令人有山林之想。"

兴亡得失这一千载厚重话题，被渔夫、樵夫的一席对话解构于无形，这才是乐曲的主旨所在。它反映的是一种隐逸之士对渔樵生活的向往，希望摆脱俗尘凡事的羁绊；深层意象是出世问玄，充满了超脱的意味。

八、乘龙快婿

"乘龙快婿"意思是称意的女婿好比乘坐于龙上得道成仙（图 2-70）。典故出自《东周列国志》，相传秦穆公有个女儿，名弄玉，聪慧无比又姿容绝世，尤善吹笙，其声如凤鸣。秦穆公为她找佳婿，弄玉说必得是善吹笙的人，能与我唱和，否则一生不嫁。后来一天弄玉做梦，梦中有个自称太华山之主的人，与她笙箫唱和。弄玉醒后，告诉秦穆公，秦穆公便派使者到华山，找到了此人，名萧史，羽冠鹤衣，玉貌丹唇，飘飘然有超尘脱俗之姿。使者将萧史接回来，穆公命其吹箫，一时间百鸟合鸣，穆公大喜，将弄玉许配给萧史。后一日，夫妇二人在月下吹箫，天空中飞来一龙一凤，于是萧史跨龙，弄玉乘凤，翔云而去，留下"乘龙快婿"一段佳话。

图 2-70　乘龙快婿（古松园）

第三节

器物及其他墙饰

一、器物

1. 如意

"如意"，又称"握君""执友"或"谈柄"，由古代的笏和搔杖演变而来，如意在东汉时就已有之，明清两代发展到鼎盛时期，以灵芝造型为主的如意更被赋予了吉祥驱邪的含义。如意头呈灵芝或云形，柄微曲，供赏玩，表示做什么事情或要什么东西，都能够如愿以偿。用彩带所系的一柄如意与一支笔，谐音为"必定如意"（图 2-71）。

将手形如意改变成灵芝祥云状，因为灵芝能益精气、强筋骨，传说食之可起死回生，长命百岁；如意同天上云彩结合起来，形成祥云凝聚、优雅飘逸的神采，蕴含长寿如意等特有的象征寓意，其意境深邃，足以唤起人们健康快乐的情感和遐想。图 2-72 ~ 图 2-76 为单纯的如意云纹。

图 2-71 如意（狮子林）

图2-72　如意（严家花园）

图2-73　如意（可园）

图2-74　如意（严家花园）

图2-75　如意（拙政园）

图2-76　如意（狮子林）

　　图2-77~图2-80采用如意结样式，在如意头上打结，添"吉利""团结"等意。

第二章 堆塑（下）

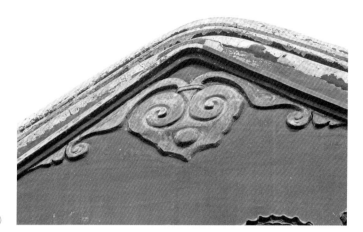

图 2-77
如意（拙政园）

图 2-78
如意（拙政园）

图 2-79
如意（网师园）

图 2-80
如意（耦园）

图 2-81
暗八仙（古松园）

2．暗八仙

葫芦为八仙之一铁拐李所持法器，能炼丹制药、普救众生（图 2-81），是降妖避邪、除灾纳福的法宝。葫芦多籽，其藤蔓绵延，因此被取作宗枝绵延、子孙众多的象征。"蔓"与"万"谐音，又喻万代绵长。

二、其他

1．祥云

图 2-82 中五朵祥云造型别致，貌似如意，象征吉祥如意。

2．寿字

寿字被祥云环绕，颇显齐整富贵，意蕴长寿吉祥（图 2-83），如意头祥云纹变体和寿字纹变体，组成如意长寿吉祥图，线条简洁大方（图 2-84）。

图 2-82
祥云（可园）

第二章　堆塑（下）

图 2-83
寿字（耦园）

图 2-84
寿字（拙政园）

第三章

砖雕（上）

① （明）计成著，陈植注释：《园冶注释》，北京：中国建筑工业出版社，1988年版，第82页。

建筑门头上施数重砖砌之枋或加斗拱，上面覆以屋面、飞檐翘角，屋顶高出两侧墙垣耸然兀立者称门楼；明代计成称为"象城堞有楼以壮观也，无楼亦呼之"①。门楼具有防盗、防火、防雨淋的功能。门楼装饰往往是砖雕和堆塑的综合运用，苏州园林门楼雕饰之精美闻名遐迩。文中所选门楼雕饰或精工或简洁，叙述也因之繁简有别。

第一节

网师园门楼雕饰

一、"藻耀高翔"门楼

网师园"藻耀高翔"门楼雕饰（图 3-1）极其别致，建于清乾隆年间。顶部为一座飞角半亭，单檐歇山卷棚顶，筑哺鸡脊饰，戗角起翘，黛色小瓦覆盖，东

图 3-1
藻耀高翔（网师园）

西两侧为黛瓦盖顶的风火墙。造型轻巧俊秀，富有灵气，有"江南第一门楼"之誉。门楼的"砖细鹅头"部分，幅面广阔而庄重，高约六米，雕饰幅面三米二，其雕饰运用平雕、浮雕、镂雕和透雕等技艺，在细腻的青砖上精凿而成，为江南一绝："砖细鹅头"两个一组依次排序，支撑在"寿"字形镂空砖雕上；"鹅头"底部两翼点缀着细腻轻巧的"砖细花朵"，几道横条砖高低井然，依次向外延伸；"鹅头"上昂，气势伟岸，好一幅精美的立体画面（图3-2）。

图3-2 藻耀高翔门楼局部（网师园）

二、门楼上枋

门楼上枋雕饰（图3-3）是以折枝牡丹为原型的缠枝花草纹，泛称蔓草牡丹花纹。蔓草由蔓延生长的形态和谐音引申出"万代"寓意；牡丹花象征富贵，与蔓草组合，喻富贵万代。

上枋两端倒挂砖柱花篮头，雕有狮子舞绣球及双龙戏珠吉祥图案（图3-4）；其边缘挂落轻巧，整个雕饰玲珑剔透，细腻入微，令人称绝。

图3-3 门楼上枋（网师园）

图3-4 门楼上枋局部（网师园）

三、门楼中枋

门楼中枋雕饰（图 3-5）主体由横额及东西两侧兜肚组成。

图 3-5　门楼中枋（网师园）

中枋横额阳刻"藻耀高翔"（图 3-6），取自《文心雕龙·风骨》篇。藻，水草之总称。藻纹取水草和火焰之形，因其美丽，古时多用作装饰。古代帝王皇冠上系玉的五彩丝绳亦谓之藻，象征美丽和高贵；其冕服上的十二章纹中亦有藻纹，表示洁净。藻绘呈瑞，象征文采飞扬，标志着国家的兴旺发达，人类追求福、禄、寿的理想，尽在不言中。

图 3-6　门楼中枋局部（网师园）

1. 文王访贤

门楼中枋东侧兜肚雕饰为周文王访姜子牙，即"文王访贤"（图 3-7）：姜子牙长须披胸，庄重地端坐于渭水边，周文王单膝下跪求贤；文武大臣有的牵马，有的持兵器，前呼后拥，浩浩荡荡。这里描写文王备修道

图 3-7　文王访贤（网师园）

德，百姓爱戴，是大德之君；而姜子牙文韬武略，多兵权与奇计，隐于渭水之畔的磻溪。文王以大德著称，姜子牙以大贤著名，"文王访贤"寓意为"德贤齐备"。

2. 郭子仪拜寿

中枋西侧兜肚雕饰为郭子仪拜寿（图 3-8）：郭子仪端坐正堂，胡须垂胸，慈祥可亲；文武官员依次站立，有的捧贡品，有的执兵器；厅堂摆盆花，门前石狮一对，好不气派。"郭子仪拜寿"戏文象征大贤大德大富贵，且寿考和后嗣兴旺发达，故成为人臣艳羡不已的对象。

图 3-8 郭子仪拜寿（网师园）

四、门楼下枋

门楼下枋雕饰（图 3-9）由蝙蝠纹、灵芝纹、向日葵纹、卍字纹及三个团寿组成。古人常以云气占吉凶，若有吉乐之事，则满室云起五色。

蝙蝠，象征长寿、幸福；灵芝又有瑞芝、瑞草之称，乃神话中的仙品，传说食之可长生不老，甚至入仙，因此均被视为吉祥之物。

向日葵，一名西番葵，也称丈菊、西番菊。六月开花，花呈黄色，每株顶上只开一花，黄瓣大心。其形如盘，随太阳旋转：如日东升则花朝东，日中天则花朝上，日西沉则花朝西。向日葵原产美洲，1510 年才输入西班牙。明代王象晋成书于天启元年（公元 1621）的《群芳谱》，附录一则《西番葵》，称之为迎阳花。

图 3-9 门楼下枋（网师园）

向日葵之名最早见清代陈淏子著《花镜》一书，向日葵属菊科，象征"向往渴慕之忱"。唐代杜甫诗中所说"葵藿倾太阳，物性固莫夺"的"葵"，属于锦葵科植物，葵花向日而倾乃是后起之意；有关"葵"的种种古代故事和出典，都与向日葵没有关系。

卍字纹来自原始宗教符号，被认为是太阳或火的象征。卍字纹有左旋"卍"和右旋"卐"两种形式，民间也叫"路路通"。

翩翩飞翔的蝙蝠、舒卷的灵芝形祥云、向日葵纹及卍字纹簇拥着圆形"寿"字即团寿（图3-10），象征长寿与吉利。我国古代崇尚"福"，"福"是人生幸福美满、称心如意、升官发财、长命百岁等的总概念。《尚书·洪范》篇中有"五福"之说："一曰寿，二曰富，三曰康宁，四曰攸好德，五曰考终命。"即一求长命百岁，二求荣华富贵，三求吉祥平安，四求行善积德，五求人老善终。古人认为此乃上帝的训词，为后世所尊崇。"五福"以"寿"为核心，其他均寓于"寿"字之中。

图3-10 门楼下枋雕饰局部（网师园）

五、家堂

门楼南侧上方嵌有家堂雕饰（图3-11），供奉"天地君亲师"五个牌位。"天地君亲师"是中国帝制社会最重要的精神信仰和象征符号，这一思想首见于《荀子》。荀子称，礼有三本："天地者生之本也，先祖者类之本也，君师者治之本也。"又说："无君子则天地不理，礼义无统。上无君师，下无父子，夫是之谓至乱。"此说流行于西汉思想界和学术界。东汉时期的《太平经》中，最早出现了形式整齐的"天地君亲师"的说法；北宋初期，"天地君亲师"的表达方式正式确立；明朝后期，崇奉"天地君亲师"在民间广为流行；清雍正初年，第一次以帝王和国家的名义确定"天地君亲师"的秩序，并对其意义进行了诠释，特别突出了"师"的地位和作用。从此，"天地君亲师"成为风行全国的祭祀对象。

图 3-11 家堂（网师园）

祭天地源于自然崇拜。中国古代以天为至上神，主宰一切；以地配天，化育万物。祭天地有顺服天意，感谢造化之意，天地象征神权。祭君王源于君权神授观念，在封建社会君王是国家的象征，故祭君王也有祈求国泰民安之意，君王象征统治权；祭亲也就是祭祖，由原始的祖先崇拜发展而来，先祖象征族权；祭师即祭圣人，源于祭圣贤的传统，具体指作为万世师表的孔子，也泛指孔子所开创的儒学传统，圣贤象征着思想统治。这一综合性祭祀形式在封建社会末期遍及千家万户，民国时期衍变为"天地国亲师"和"天地圣亲师"两种形式。

六、门饰

屋檐下枋库门，系四方青砖拼砌在木板门上而成，嵌饰其上的梅花形铜制铆钉称鼓钉，俗称浮沤钉。一说春秋时为防止敌方火攻，在木构城门上包铁板（或涂泥），并用戴帽的门钉固定；一说"殷以水德王，故以螺著门户。则椒图之形似螺形，信矣"。

清代王府大门的间数、门饰、色彩严格按规制而设。皇帝进出的大门均有纵九横九共八十一枚门钉，取"九"这个数字；郡王、公侯等官府的门钉数则依次递减。九路门钉属宫殿专用，亲王府用七路门钉，世子府用五路门钉。因为"九"是最大的阳数，古代以"九五之尊"称指帝王之位。此为纵十八横五（图 3-12），已非清制，纯为功能作用。

图 3-12 鼓钉

第二节

春在楼门楼雕饰

一、"天锡纯嘏"门楼

东山春在楼建筑处处可见精美绝伦的雕饰，其木雕、砖雕、石雕、金雕，是"香山帮"建筑雕刻的代表作。春在楼"天锡纯嘏"门楼雕饰（图3-13）内容极为丰富，门楼上枋、中枋和下枋集浮雕、透雕、圆雕、残雕于一体。

图 3-13　天锡纯嘏（春在楼）

二、门楼上枋

门楼上枋雕饰（图3-14）为浮雕，其雕饰图案丰富多彩：梅竹双喜鹊、松鼠踏石榴、瓶插菊花、瓶插牡丹花、瓶插如意、雕着梅花的竹节状花瓶插着一丛兰花、灵芝、佛手、葫芦等点缀其间，颇具吉祥含义。

图 3-14
门楼上枋（春在楼）

梅竹双喜鹊（图3-15）：喜鹊登梅，不仅有喜上眉梢之意，还含有竹报平安、梅开五福等意。梅与竹的组合被视为夫妻婚姻美满，自古就有"青梅竹马"之说；唐代李白有诗云："郎骑竹马来，绕床弄青梅"，描写的即是两小无猜的纯洁爱情。

图 3-15　门楼上枋局部（春在楼）

松鼠踏石榴：可爱的松鼠脚踏绽开的石榴。"十房同膜，千子如一"的石榴为多子的象征，松鼠与石榴的组合喻多子多孙。瓶插菊花：瓶有平平安安之意，菊花隽美多姿、凌霜盛开，其花健身益气，是长寿之花，此组合象征平安长寿。瓶插牡丹花：象征平安富贵，繁荣昌盛。瓶插如意：蕴涵平安如意的吉兆。雕着梅花的竹节状花瓶插着一丛兰花：兰花姿态婀娜、香气优雅，为清雅君子的象征，与梅、竹、菊合称"四君子"。灵芝为传说中生长在东海仙岛上的仙草，有令人起死回生、长生不老的功效；佛手象征幸福；葫芦象征多子，寓多子多福之意。

两端垂柱雕饰为象征多子的葡萄和象征"九如"的如意头（图3-16、图3-17）。

图 3-16　门楼上枋局部（春在楼）　　　　图 3-17　门楼上枋局部（春在楼）

《诗经·小雅》："如山如阜，如冈如陵；如川之方至……如月之恒，如日之升；如南山之寿，不骞不崩；如松柏之茂，无不尔或承。"本为祝颂人君之词，因连用九个"如"字，有"如南山之寿，不骞不崩"之语，后因以"九如"为祝寿之词。画面布局严谨，刀法精细。

三、门楼中枋

门楼中枋雕饰（图3-18）主体由横额及东西两侧兜肚组成。

图3-18 门楼中枋（春在楼）

中枋横额雕饰"天锡纯嘏"（图3-19），取《诗经·鲁颂》："天锡公纯嘏，眉寿保鲁"之意，为颂鲁僖公之词，意谓天赐僖公大福，"纯嘏"犹言"大福"。《诗经·小雅》有"锡尔纯嘏，子孙其湛"之句，意即天赐你大福，延及子孙。

图3-19 门楼中枋局部（春在楼）

1. 古城主臣相会

门楼中枋东侧兜肚雕饰为"古城主臣相会"（图3-20），见《三国演义》第二十八回。说的是关羽与孙乾引数骑奔汝南来，刘备复往河北袁绍处议事。关羽回古城与张飞说知此事，自己与孙乾同往袁绍处。孙乾匹马入冀州见刘备，具言前事，刘备与简雍机智脱身，与关羽相见于关定庄。关羽认关定之子关平为子，刘备与赵子龙相见，众人随刘备前

图3-20 古城主臣相会（春在楼）

赴古城。张飞、糜竺、糜芳迎接入城，各相拜诉。二夫人具言云长之事，刘备感叹不已。于是杀牛宰马，先拜谢天地，然后犒劳诸军。刘备见兄弟重聚，将佐无

缺，又新得了赵子龙及关平、周仓，欢喜无限，连饮数日。后人有诗赞之曰：当时手足似瓜分，信断音稀杳不闻。今日君臣重聚义，正如龙虎会风云。

2. 古城释疑

中枋西侧兜肚雕饰为"古城释疑"（图3-21），见《三国演义》第二十八回。说的是关羽身在曹营心在汉。当关羽得知刘备在汝南的下落后，即与孙乾护送二位嫂夫人向汝南进发，一路上过关斩将，在古城见到张飞。张飞误以为关羽背叛了兄长，降了曹操，便要与之拼个你死我活。这时正值蔡阳带了曹军一彪人马，赶来要报杀其外甥秦琪之仇。关羽斩杀蔡阳，从关羽活捉的执旗小卒口中，张飞得知事情原委，关张兄弟释疑。

两侧兜肚雕刻的内容，均喻指忠孝仁义。

图3-21 古城释疑（春在楼）

四、门楼下枋

门楼下枋雕饰（图3-22）为梅、兰、竹、菊、石榴、佛手、蝙蝠等图案，被盘曲的夔龙纹巧妙地镶套其中。梅、兰、竹、菊属花中"四君子"；石榴多籽，清雅吉祥；佛手、蝙蝠均象征幸福、福气。

图 3-22　门楼下枋（春在楼）

① 参见本书第一章第一节"鸱吻脊饰"。

夔，又称夔龙，为传说中只有一足的龙形动物，出入水则必风雨。雕饰夔龙纹，取夔龙吐水压火之吉祥含义。《龙经》："夔龙为群龙之主，饮食有节，不游浊水，不饮浊泉，所谓饮于清、游于清者。"①

五、门楼北面

春在楼门楼为南北两面雕饰，且两面雕饰各不相同。其门楼北面（图 3-23）单檐翼角斗拱气宇轩昂，形如牌楼、平台、栏杆、挂落与两飞砖墙门精致和谐。

图 3-23　门楼北面（春在楼）

1. 屋脊

屋脊两端各塑倒挂蝙蝠一对（图 3-24），象征洪福到来。

屋脊正中为万年青古瓷方盆。万年青属多年生常绿草本植物，根茎短而粗，由地下丛生，叶片肥大呈深绿，经冬不凋。万年青观赏价值较高，果实圆如球

图 3-24 屋脊（春在楼）

形，成熟后色彤红，与碧绿的阔叶对比分明。万年青象征着瑞祥吉庆，寓洪福齐天、万年永昌之意。

两侧脊饰塑"恭喜发财"（图 3-25）和"天官赐福"（图 3-26）两位神仙像。

"恭喜发财"的神仙是财神。《荀子·成相》有"务本节用财无极"之说，民间称福、禄、寿、喜、财为"五福"。民间供奉的财神有文武两种财神：文财神为商忠臣比干，武财神有关公、赵公明等说。有时也将天官比作财神，这里所塑财神疑为天官，即"天官赐福"。

道教以"天、地、水"为"三官"，即世人崇奉的"三官大帝"，而天官主赐福。这个赐福的天官，是典型的"头戴天官帽，朵花立水江涯袍，朝靴抱笏五绺髯"模样。

图 3-25 屋脊脊饰局部（春在楼）

图 3-26 屋脊脊饰局部（春在楼）

① 参见本书第一章第一节"鸱吻脊饰"。

万年青古瓷方盆下塑硕大的鳌头脊饰（图3-27），传说中海里的大龟或大鳖称鳌。唐宋时期，宫殿台阶正中石板上雕饰龙和鳌，凡是科举中考的进士要在宫殿台阶下迎榜。按规定，第一名状元要站在鳌头处，即"独占鳌头"，象征出类拔萃；鳌头两侧各塑一对草龙，翩翩对舞。戗角的吞头作泥塑的"龙头鱼身"，有"鲤鱼跳龙门"之寓意①。

图 3-27　屋脊局部（春在楼）

2. 门楼上枋

（1）吉祥喜庆。门楼上枋（图3-28）垫拱板上透雕五个圆形图案：古磬双鲤鱼配双戟，喻吉庆双利（图3-29）；卍字纹与寿桃组合（图3-30、图3-33），喻万德吉祥；海棠花围囍字纹（图3-31），象征双喜临门，满堂喜气洋洋。原来"喜"字是"福"或"喜神"之意，和"高兴"一词有几分不同，但写成"双喜"或"囍"则意思相同。囍字纹据传始于北宋宰相王安石：王安石与马员外女儿成亲大喜之日，又传来"金榜题名"的喜讯，当即书写"囍"字，喻双喜临门。图3-32交叠的如意透雕则指代事事如意。

图 3-28　门楼上枋（春在楼）

图 3-29　吉祥喜庆（春在楼）

图 3-30　吉祥喜庆（春在楼）

图 3-31 吉祥喜庆（春在楼）　　　　　图 3-32 吉祥喜庆（春在楼）

图 3-33 吉祥喜庆（春在楼）

（2）八仙庆寿。上枋横幅圆雕"八仙庆寿"（图 3-34）。

传说在昆仑山上居住的西王母，拥有不死之药，并掌管着蟠桃园。每逢农历三月初三，西王母设蟠桃会宴请各路神仙，铁拐李、汉钟离、吕洞宾、张果老、何仙姑、蓝采和、韩湘子、曹国舅等八仙各携法器赴宴庆寿。这里借此传说表达希冀健康长寿的愿望。

图 3-34 八仙庆寿（春在楼）

（3）和合二仙。上枋两旁莲花垂柱上端，分别雕有"和合二仙"：一人持荷花，一人捧圆盒，为和谐美好的象征。莲花垂柱下端，"和仙"下雕双狮舞绣球，幼狮在上，大狮在下（图3-35）；"合仙"下塑双狮舞绣球，幼狮在下，大狮在上（图3-36）。双狮舞绣球其乐融融，象征子嗣兴旺，家庭和睦。五寸宕两端的葫芦图案，取葫芦多籽意，喻多子多福。

图3-35　"和合二仙（和仙）"（春在楼）　　　　图3-36　"和合二仙（合仙）"（春在楼）

3. 门楼中枋

门楼中枋雕饰（图3-37）采用圆雕技法，十只梅花鹿分别作蹦跳卧立之姿，形象逼真。既含十全十美之意，又与"食禄"谐音，象征出仕为官；鹿为长寿之仙兽，亦表示长寿和繁荣发达等意。

图3-37　门楼中枋雕饰（春在楼）

正中横额实雕"聿修厥德"（图3-38），取《诗经·大雅》："无念尔祖，聿修厥德。永言配命，自求多福。"言不可不修德以永配天命，修行积德，自求多福。

（1）"三星高照"。横额下平台望柱上圆雕"福、禄、寿"三吉星坐像，象征五福临门，高官厚禄，长命百岁，恩泽万代。福星形象："头戴天官帽，朵花立水江涯袍，朝靴抱笏五绺髯"（图3-39）；禄星形象："员外郎，青软巾帽，绦带绦袍，携子又把卷画抱"（图3-40）；寿星形象："绾冠玄氅系素裙，薄底云靴，手拄龙头拐杖"（图3-41）。

（2）"文王访贤"。门楼中枋东侧兜肚雕饰为"文王访贤"（图3-42），比喻有贤。

（3）"尧舜禅让"。中枋西侧兜肚雕饰为"尧舜禅让"（图3-43）。尧，是帝喾的儿子，黄帝的五世孙。尧当上部落联盟首领后，与大家同甘共苦，人民如爱"父母日月"般拥戴他。尧在位七十年后，有人推荐他的儿子丹朱继位，尧不同意，因为丹朱粗野且好闹事。尧召开部落联盟会议，讨论继承人选问题，大家都推举舜，说舜德才兼备。尧很高兴，把自己的两个女儿娥皇、女英嫁给舜，并考验了三年才将帝位禅让给舜。这里以"尧舜禅让"，比喻有德。

左右两侧兜肚雕饰寓"德贤齐备"之意。

图3-38　门楼中枋雕饰局部（春在楼）

图3-39　三星高照（福星）（春在楼）　　图3-40　三星高照（禄星）（春在楼）　图3-41　三星高照（寿星）（春在楼）

图 3-42 文王访贤（春在楼）

图 3-43 尧舜禅让（春在楼）

4. 门楼下枋

（1）"郭子仪拜寿"。门楼下枋雕饰，仍采用圆雕技法，题材为"郭子仪拜寿"（图3-44），郭子仪八子七婿，子孙满堂，喻福寿双全。

（2）"锦鸡荷花"。门楼两侧雕饰技法为残雕，其南首是"锦鸡荷花"（图3-45），雄鸡锦毛勃起，扭颈瞪眼，直视荷花上的毛毛虫，摆出随即伸脖啄食的姿势，以表示挥金护邻。

（3）"凤戏牡丹"。其北首是"凤戏牡丹"（图3-46），比喻富贵双全。

南北两侧范围均不足三平方米，雕刻的内容却丰富和谐，且造型古朴，结构严谨，工艺精湛。至今仍保存得如此完好的作品，实属罕见。

图 3-44 郭子仪拜寿（春在楼）

图 3-45 锦鸡荷花（春在楼）

图 3-46 凤戏牡丹（春在楼）

严家花园门楼雕饰

一、"桂馥兰芬"门楼

严家花园"桂馥兰芬"门楼（图3-47）筑于轿厅后檐，处于严家花园秋景景区。兰桂，象征优秀子弟，像桂花一样芳香四溢，像兰花一样清馨幽远。南朝宋刘义庆《世说新语·言语》："谢太傅（谢安）问诸子侄：'子弟亦何预人事，而正欲使其佳？'诸人莫有言者。车骑（车骑将军谢玄）答曰：'譬如芝兰玉树，欲使其生于阶庭耳。'"

图3-47　桂馥兰芬（严家花园）

1. 门楼上枋

门楼上枋雕饰为浮雕，其雕饰内容丰富多彩，有"童子问道""赵子龙救刘阿斗""刘阮遇仙""老子炼丹""徐庶惜别"等戏文故事。两侧垂柱雕饰"和合二仙"。

（1）"童子问道"（图3-48）。据《华严经》所载，善财童子生于印度觉城，善财长大时，文殊菩萨正在觉城弘法。由于受到文殊菩萨的教导与启发，他历尽艰辛，南下求法，历访各处的善知识。所参访的对象，计有菩萨、比丘、比丘尼、优婆塞、优婆夷、童子、童女、天女、婆罗门、国王、王妃、仙人、医师等，共计有五十三位善知识。为后世佛教徒提供了一个学佛的最佳典范。

（2）"赵子龙救刘阿斗"（图3-49）。出自《三国演义》第四十一回，长坂坡大战中，赵云负责保护甘、糜二夫人和阿斗，但由于战争混乱赵云与之走散，于是带领三四十名随从回去寻找，找了一圈没有找到却杀死淳于导救了糜竺和甘夫人。赵云把二人送到长坂桥险些被张飞误解其背叛刘备，亏得简雍解释澄清事实。于是赵云把甘夫人托付于张飞后又回头寻找阿斗，但此时只有他孤身一人，没有一个随从，乱军之中赵云又刺死了夏侯恩并夺得了由其佩带的曹操的宝剑"青釭"，后于一堵矮墙边寻到了糜夫人及其怀里的阿斗，但是糜夫人已身受重伤且行走不便，把阿斗托付于赵云后不顾赵云劝阻跳入一口枯井自尽。赵云把阿斗背于身上，幸得曹操爱才心切，命部下不得放箭，赵云才得以在数十万大军中背负阿斗安全杀出重围。表现了赵云的赤胆忠心和高超武艺。

图3-48　童子问道（严家花园）

图3-49　赵子龙救刘阿斗（严家花园）

（3）"天官赐福"（图3-50）。天官赐福，是道教术语。天官名为上元一品赐福天官，紫微大帝，隶属玉清境。在中国传统节日上元节，即农历正月十五，谓天官下降赐福。

（4）"老子炼丹"（图3-51）。老子姓李名耳，字伯阳，一名重耳，又号老聃，被尊为道教鼻祖，太上老君是道教对老子的尊称。据传，春秋时，老子执炉炼丹于洺水之滨，丹成后著《道德经》。

（5）"徐庶惜别"（图3-52）。徐庶本名单福，寒门子弟，早年为人报仇，被同党救出后改名徐庶，求学于儒家学舍。刘备屯驻新野时，徐庶前往投奔，是刘

图 3-50
天官赐福（严家花园）

图 3-51
老子炼丹（严家花园）

图 3-52
徐庶惜别（严家花园）

图 3-53　和仙（严家花园）　　图 3-54　合仙（严家花园）

备遇到的第一个军师。因母亲被曹操所掳获，徐庶不得已辞别刘备，送别时，徐庶拜别刘备，说到许昌后不会为曹操出一计以报刘备。徐庶策马扬鞭而去，后又折回，刘备暗喜，徐庶推荐了诸葛亮，再次拜别而去。

（6）"和合二仙"。上枋两端垂柱上端，分别雕有"和合二仙"：一人持荷花，一人捧圆盒，为和谐美满之意。"和仙"下雕一雄狮舞绣球（图 3-53），"合仙"下塑一雌狮及小狮子（图 3-54），象征夫妻和睦、家庭美满。

和合二仙是民间传说之神，主婚姻和合，故亦作和合二圣。明代田汝成《西湖游览志馀》卷二十三云："宋时，杭城以腊月祀万回哥哥，其像蓬头笑面，身着绿衣，左手擎鼓，右手执棒，云是和合之神，祀之可使人万里外亦能回来，故曰万回。今其祀绝矣。"自宋代开始祭祀作"和合"神。

至清代雍正时期，复以唐代师僧"寒山，拾得"为和合二圣。相传两人亲如兄弟，共爱一女。临婚，寒山得悉，即离家为僧，拾得亦舍女去寻觅寒山，相会后，两人俱为僧，立庙"寒山寺"。自是，世传之和合神像亦一化为二，然而僧状，为蓬头之笑面神，一持荷花，一捧圆盒，意为"和（荷）谐合（盒）好"。

2. 门楼中枋

门楼中枋雕饰（图 3-55）主体由横额及东西两侧兜肚组成。

图 3-55　门楼中枋（严家花园）

门楼中枋东西兜肚，采用浮雕技法，分别雕饰"吴王张士诚出巡"（图3-56）和"吴王张士诚出游"（图3-57）图案。张士诚（1321—1367年），原名张九四。元末位于江浙一带的义军领袖与地方割据势力之一，灭元的功臣，定都平江（今江苏苏州），自称吴王。

图3-56 吴王张士诚出巡（严家花园）　　　　图3-57 吴王张士诚出游（严家花园）

3. 门楼下枋"独占鳌头"

鳌头是指古代宫殿门前台阶上的鳌鱼浮雕。科举进士发榜时状元站此迎榜，皇帝在殿前召见新考中的状元、榜眼等人。状元跪在宫殿前面，正好是飞龙巨鳌浮雕的头部。"独占鳌头"原指科举时代考试中了状元。图3-58雕饰中一手举官印的文人站在鳌头之上，意为高中之意。

图3-58 独占鳌头（严家花园）

二、"绿野流芳"门楼

"绿野流芳"门楼（图3-59），碧绿的原野上，到处散发着花草的芬芳。筑在尚贤堂后侧。

图 3-59　绿野流芳（严家花园）

（一）门楼上枋

门楼上枋采用浮雕技法，雕饰为在祥云中飞翔的仙鹤（图 3-60），寓吉祥长寿涵义。

上枋两旁莲花垂柱上雕饰有牡丹花（图 3-61），含有花开富贵之意。

图 3-60　云鹤（严家花园）

（二）门楼中枋

门楼中枋雕饰（图 3-62）主体由横额及东西两侧兜肚组成。

中枋横额实雕"绿野流芳"四字，为冯桂芬所书。

（1）献之墨池。

门楼中枋东侧兜肚雕饰为"献之墨池"（图 3-63）。王献之（344 年—386 年），字子敬，小名官奴，祖籍山东临沂，生于会稽（浙江绍兴），王羲之第七子，晋简文帝司马昱的驸马，东晋书法家、诗人，与其父王羲之并称为"二王"。王献之自小跟随父亲练习书法，胸有大志，后期兼取张芝，别为一体。

（2）陆羽煮茶。

门楼中枋西侧兜肚雕饰为"陆羽煮茶"（图 3-64）。陆羽（733—804 年），字鸿渐，唐朝复州竟陵（今湖北天门市）人，一生嗜茶，精于茶道，上元初年（公元 760 年），隐居江南各地，撰《茶经》三卷，被世人誉为"茶仙"，尊为"茶圣"，祀为"茶神"。

图 3-61　垂柱（严家花园）

图 3-62　门楼中枋（严家花园）

图 3-63　献之墨池（严家花园）

图 3-64　陆羽煮茶（严家花园）

（三）门楼下枋

门楼下枋浮雕"群仙祝寿"（图3-65），描绘了众位神仙共赴西王母的寿筵，表达吉祥喜庆、长寿美好的寓意。众位神仙形态各异，穿插祥云飘飘，山石峻峭，树木遒劲，栏杆俨然，浪花翻卷，雕刻疏密多变、错落有致；构图清晰明朗，活泼灵动，显得层次分明，丰富统一。

手捧寿桃的寿星、手持灵芝的麻姑（图3-66）；手捧贺礼的仙人（图3-67）；吕洞宾手拿宝剑、张果老手持鱼鼓、铁拐李佩戴葫芦、蓝采和捧着花篮（图3-68）；何仙姑手拿荷花、汉钟离手摇宝扇、韩湘子手握洞箫、曹国舅手持仙板（图3-69）；正中间的玉皇大帝、手持金钱站在金蟾之上的刘海等神仙（图3-70）。

图3-65 群仙祝寿（严家花园）

图3-66 寿星、麻姑（严家花园）

图3-67 手捧贺礼的仙人（严家花园）

图3-68 吕洞宾、张果老、铁拐李、蓝采和（严家花园）

图 3-69　何仙姑、汉钟离、韩湘子、曹国舅（严家花园）

图 3-70　玉帝、刘海等（严家花园）

第四节

榜眼府第门楼雕饰

"鸣凤在林"门楼

　　"鸣凤在林"门楼雕饰（图 3-71）非常精美。凤凰，传说中的瑞鸟。《诗经·大雅·卷阿》有云："凤凰鸣矣，于彼高岗。梧桐生矣，于彼朝阳。"以"鸣凤"比喻贤者。晋代张协《七命》："鸣凤在林，伙於黄帝之园；有龙游渊，盈於孔甲之沼。"

图 3-71 鸣凤在林门楼（榜眼府第）

第五节

古松园门楼雕饰

古松园"明德惟馨"门楼雕饰精美（图3-72）。

图 3-72 明德惟馨门楼（古松园）

一、门楼上枋

门楼上枋雕饰图案（图3-73）以一组道教故事为主，分别为"三元大帝""月下老人""疯僧扫秦""老子出关""灵官镇山"等。

（1）"三元大帝"（图3-74）。"三元大帝"又称"三官大帝"，是中国传说中的天官紫微大帝、地官清虚大帝和水官洞阴大帝的合称。

（2）"月下老人"（图3-75）。"月下老人"简称"月老"，别名柴道煌，是中国民间传说中专管婚姻的红喜神，也就是媒神。关于月老的故事，在唐代之前并没有记载。记载月老最早的文献资料出自唐代李复言的《续玄怪录·定婚店》。略谓：杜陵韦固，元和二年旅次宋城遇一老人倚布囊，坐于阶上，向月捡书。固问所寻何书，答曰："天下之婚牍耳。"又问囊中何物，答曰："赤绳子耳！以系夫妻之足，及其生则潜用相系，虽仇敌之家，贵贱悬隔，天涯从宦，吴楚异乡，此绳一系，终不可绾。"这个在月下倚布囊、坐于阶上、向月捡书的老人，即是后来在民间被奉为婚姻之神的月下老人。只要其用囊中红绳把世间男女之足系在一起，即使经历"仇敌之怨，贵贱悬隔，天涯从宦，吴楚异乡"等折磨，也会化解一切最终成为夫妻。

图3-73 门楼上枋（古松园）

图3-74 三元大帝（古松园）

图3-75 月下老人（古松园）

（3）"疯僧扫秦"（图3-76）。民间传说，奸相秦桧与妻王氏东窗密谋，在风波亭谋害了抗金名将岳飞父子，事后心悸，神思不宁。一日到灵隐寺进香，看见方丈壁间有诗一首云："缚虎容易纵虎难，东窗毒计胜连环。哀哉彼妇施长舌，使我伤心肝胆寒。"秦桧着实吃了一惊，心中想道，这第一句是我和夫人在窗下灰中所写，并无一人知晓，如何却写在此处？甚是奇怪！盘问住持，原是香积厨下疯僧所题，急将疯僧找来。只见他垢面蓬头，鹑衣百结，口嘴歪斜，手瘸足跛，浑身污秽。秦桧笑道："你这模样，如何能诵经，如何能为僧？"疯僧答道："我面貌虽丑，却心地善良，不似你佛口蛇心。"秦桧问："这壁上的诗句是你写的吗？"疯僧道："难道你作得，我写不得吗？"秦桧问："你手中扫帚何用？"疯僧答道："我的扫帚，不是扫地的，是要扫尽奸臣的！"说着便举起扫帚对准秦桧横扫过来，秦桧顿时吓昏过去。待他惊魂稍定，疯僧已不知去向。不久，奸贼秦桧便因发背（痈疽）病重，嚼舌而死。后人敬佩疯僧的气节胆识，特意塑像供奉。

（4）"老子出关"（图3-77）。老子是春秋时期著名思想家。陈国苦县濑乡曲仁里人。周文王时为西伯，做过守藏室史，周武王时，迁为柱下史，昭王时，辞官归隐，驾青牛西游出函谷关。传说，当年函谷关总兵尹喜见到紫气东来，预知有圣人从此经过，于是尹喜便到函谷关等候圣人，一日老子骑青牛而至，被尹喜迎入草楼。老子在这里著《道德经》五千言，其分上下两篇，上篇为《道经》，言宇宙根本，含天地变化之机，蕴神鬼应验之秘；下篇为《德经》，言处世之方，含人事进退之术，蕴长生久视之道。

图3-76 疯僧扫秦（古松园）

图3-77 老子出关（古松园）

（5）"灵官镇山"（图3-78）。王灵官是道教的护法镇山神将，有的书说他是武当山中五百灵官的统帅，叫华光元帅，又叫五显灵官。到了宋代，又出现了一位"火车王灵官"，镇守道观山门的灵官一般就指这位王灵官。

据《历代神仙通鉴》卷二十一记载，多年后的一天，萨真人来到龙兴府，正在江边洗手时，水中突然冒出一员神将，方脸膛，黄袍金甲，左手持火轮，右手执钢鞭，对真人曰："吾乃先天大将火车灵官王，久执灵霄殿，奉玉帝之命庙食湘阴，以惩四方恶业。自真人焚吾庙后，私随十二年，今见真人功行已高，将供职天庭，愿为部将，奉行法旨。"可见王灵官还是玉帝的御前大将，专司天上、人间纠察之职。

图 3-78　灵官镇山（古松园）

上枋两侧垂柱底端装饰着荷花莲蓬，古朴素雅（图3-79）。

二、门楼中枋

门楼中枋雕饰（图3-80）主体由横额及东西两侧兜肚组成。横额"明德惟馨"四字，"明德"指美德，"馨"指散发的香气。"明德惟馨"指真正能够发出香气的是美德。两侧兜肚分别雕饰"高山流水"和"张良进履"的故事。

（1）"高山流水"（图3-81）。"高山流水"最早出自战国郑国人列御寇所著《列子·汤问》，传说伯牙善鼓琴，钟子期善听。伯牙鼓琴志在高山，钟子期曰："善哉，峨峨兮若泰山。"志在流水，钟子期曰："善哉，洋洋兮若江河。"伯牙所念，钟子期必得之。子期死，伯牙谓世再无知音，乃破琴绝弦，终生不复鼓。后用"高山流水"比喻知音或知己。

（2）"张良进履"（图3-82）。"张良进履"出自司马迁《史记·留侯世家》，据传，有一天，张良在圯上（桥上）漫步，适遇一年迈老人。只见老人故意把鞋摔下桥底，慢慢地对张良说："小伙子，下去给我拾鞋！"张良感到太突然，想上前教训老人，但碍于老人的

图 3-79
垂柱（古松园）

图 3-80　门楼中枋（古松园）

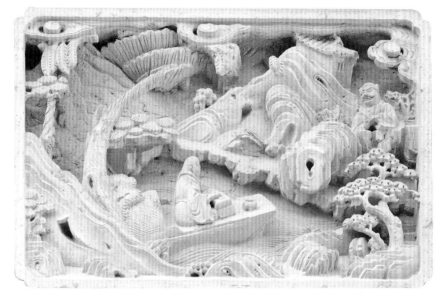

图 3-81　高山流水（古松园）

图 3-82　张良进履（古松园）

年纪，不忍下手，只好下桥取鞋。取鞋后，老人又令张良给他穿上，张良膝跪于前，小心帮老人穿鞋。事毕，老人非但不谢，反而大笑而去。片刻老人又返回，对张良说："孺子可教也，五日后的黎明，与我会此。"二次会面，皆因张良迟到而散，第三次张良夜半赴约，先老人一步，老人才授给张良一本书，对他说："读此书则为王者师。后十年天下会大乱。十三年后你会见我于济北谷城（今山东平阴西南）山下的黄石就是我。"说完很快就走了。张良觉得奇怪，次日天明一看书，方知书名为《太公兵法》（太公，即姜太公，周武王的军师）。张良便日夜诵读此书，终于成为一个深明韬略、足智多谋、文武兼备的"智囊"。此故事赞扬了张良"卒然临之而不惊，无故加之而不怒"的涵养和品质。

三、门楼下枋

门楼下枋雕饰图案（图3-83）是一组历史故事，分别为"宁戚饭牛""柳毅传书""截江夺斗""孔明迎主""将相和"等。

（1）"宁戚饭牛"（图3-84）。《吕氏春秋·举难篇》有云："宁戚欲干齐桓公，穷困无以自进，于是为商旅，将任（载）车以至齐，暮宿于郭门之外。桓公郊迎客，夜开门，辟任车，爝火甚盛，从者甚众。宁戚饭牛居车下，望桓公而悲，击牛角疾歌。桓公闻之，抚其仆之手曰：'异哉！之歌者，非常人也！'命后车载之。"归，任之以事。宁戚为了在齐国谋得官职，在穷困无以自达时，喂牛车下，击打牛角而悲唱"商歌"，终于被齐桓公看中，能在齐国任事。后遂以表达自荐求官，得以实现仕途的愿望。

图3-83　门楼下枋（古松园）

图3-84　宁戚饭牛（古松园）

（2）"柳毅传书"（图3-85）。出自唐代李朝威《柳毅传》。故事说的是洞庭龙君的女儿，远嫁给泾川龙君的次子，丈夫虐妻成性，将她赶出龙宫，放牧羊群。龙女求助无门，掩面哭啼。书生柳毅路遇此事，慨然代龙女传书报信，龙女得以被救回龙宫与家人团聚。龙女感谢柳毅大恩，心生爱慕，龙王也想将女儿嫁与柳毅。但柳毅传书是仗义执言，本无私念，就拒绝了婚事。柳毅回家后先后娶了两位夫人都不幸死去。后与一渔家女成婚，貌似龙女，后发现此女就是托书的龙女。此后，夫妻相敬如宾，白头偕老。柳毅是一位唯道是从，同情不幸，正直无私，威武不屈的侠义书生。

图3-85 柳毅传书（古松园）

（3）"截江夺斗"（图3-86）。出自罗贯中《三国演义》第六十一回，孙权屡讨荆州不得，知刘备入川，乃用张昭之计，差心腹周善赴荆州，伪称母病，接孙夫人携阿斗归宁，欲以阿斗为质，换取荆州。孙夫人不察，登舟。赵云得知，驾舟追赶，跃上大船，夺回阿斗；张飞踵至，杀死周善，同保阿斗回荆州。

图3-86 截江夺斗（古松园）

（4）"孔明迎主"（图3-87）。出自罗贯中《三国演义》第五十五回，东汉末年三国争霸时期，孙权想取回荆州，周瑜献计"假招亲扣人质"。诸葛亮识破，安排赵云陪伴前往，又交给他三个锦囊，刘备依计而行，娶了孙夫人，并且在孙夫人的帮助下离开了东吴。周瑜率领大军围追阻截，刘备"正惊慌失措，江岸芦苇丛中，摇出二十多只船来。原来竟是诸葛亮专候在此，接刘备回荆州的！刘备大喜，上船与孔明相庆。这时，上游又铺天盖地地冲来无数战船。中间帅字旗下，周瑜亲统水军截杀而来。刘备在孔明指引下，弃船上岸，乘马疾行。周瑜只好也弃船上岸。但水军少马，只好带少数兵力追杀刘备。不料，追至半途，一彪人马横向杀出，大将关羽，威风凛凛拦在面前。周瑜胆战心惊，慌忙败退。吴兵死伤无数。周瑜逃得性命，回到船上。还没喘息平静，就听岸上刘备士兵大声喊：'周郎妙计安天下，赔了夫人又折兵！'"。

（5）"将相和"（图 3-88）。"将相和"这个故事出自司马迁的《史记·廉颇蔺相如列传》。由"完璧归赵""渑池之会""负荆请罪"三个故事组成。战国时赵国舍人蔺相如奉命出使秦国，不辱使命，完璧归赵，所以封了上大夫；他又陪同赵王赴秦王设下的渑池会，使赵王免受暗算。为奖励蔺相如的汗马之功，赵王封蔺相如为上卿。老将廉颇居功自傲，对此不服，而屡次故意挑衅，蔺相如以国家大事为重，始终忍让。后廉颇终于醒悟，向蔺相如负荆请罪。将相和好，共同辅国，国家无恙。

凝固诗画——塑雕

图 3-87　孔明迎主（古松园）

图 3-88　将相和（古松园）

第六节

吴宅门楼雕饰

　　吴宅位于苏州大石头巷35～37号。相传为清乾隆年间苏州文人，《浮生六记》作者沈复（三白）故居旧址。民国二十九年（1940年）由沈延令售与沪商吴南浦。前门北向，后门通仓米巷，三路五进，占地3400平方米，建筑面积2590平方米。中路有轿厅、大厅、楼厅等，大厅、楼厅前各有砖雕门楼。大门不设门厅而置半亭，东西设廊达轿厅。大厅面阔3间11米，进深9米。楼厅面阔5间19.05米，进深9.5米，前置鹤颈椽轩廊，左右出厢楼各两间。第四进为平屋5间，南院设两厢。第五进为楼房5间。第四、五进坐北朝南，从后门出入。

一、"含龢履中"门楼

　　"含龢履中"的"龢"，调也，音同"和"，段玉裁注："经传多借和为龢。"表达"调和、和顺"之义。汉代焦赣《易林·蛊之兑》载："含龢履中，国无灾殃。"指躬行中庸之道，走路脚不要偏，做事要和为贵，做人要平和。

　　门楼砖雕精细，屋顶为硬山式，宽3.35米，檐下有两跳斗拱六纹镶边（图3-89）。

图3-89　含龢履中门楼（吴宅）

（一）门楼上枋

门楼上枋雕饰有如意芝花纹饰（图3-90），上枋中间雕饰有如意海棠纹饰，上枋挂落精巧别致，饰有如意祥云（图3-91），两侧垂花柱雕刻中国结灵芝，倒挂蝙蝠及仰头金蟾（图3-92），寓意如意吉祥，五福临门、财源广进。

图 3-90　如意芝花（吴宅）

图 3-91　如意海棠及如意祥云挂落（吴宅）

（二）门楼中枋

中枋雕饰（图3-93）由横额和两侧兜肚组成，中枋饰乱纹嵌花结挂落。横额内周饰以蝙蝠祥云纹，外周饰以如意芝花纹；两侧兜肚雕回纹，中心线雕香薰（图3-94）。

（三）门楼下枋

门楼下枋中间雕回纹寿桃（图3-95）。

图 3-92　垂柱（吴宅）

图 3-93　门楼中枋（吴宅）

图 3-94　兜肚（吴宅）

图 3-95　门楼下枋局部（吴宅）

二、"四时读书乐"门楼

门楼高 5.91 米，宽 3.26 米，深 0.95 米。屋顶为单坡硬山式，侧面山墙尖安砖博风。上枋两端垂挂花篮头，挂芽雕作狮戏球。定盘枋上出一斗三升牌科六朵，垫拱板雕寿桃和团寿字。门楼雕刻精致，有圆雕、镂雕、浮雕之分，雕刻深度达 7 厘米（图 3-96）。

门楼上枋以福、禄、寿三星为主，左右有西王母、鬼谷子、麻姑、刘海、东方朔等神仙及猴、鹿、羊、蟾蜍等动物。

图 3-96　四时读书乐门楼（吴宅）

（一）门楼中枋

中枋正中字碑镂刻楷书"麐翔凤游"四字，麐为"麟"的繁体字，中国传统祥兽。麒麟，雄性称麒，雌性称麟，简称麟。与凤、龟、龙共称"四灵"。凤是凤凰的简称，古代传说中的鸟王，雄的叫凤，雌的叫凰，简称凤。在远古图腾时代被视为神鸟而予崇拜。麐、凤均用来比喻有圣德之人。

中枋两侧兜肚分别雕饰"柳汁染衣""杏花簪帽"的故事，寄托了金榜题名、科举及第的美好愿望。

（1）"柳汁染衣"（图 3-97）。"柳汁染衣"典出旧题唐代冯贽《云仙杂记》卷一录《三峰集·柳神九烈君》："李固言未第前，行古柳下，闻有弹指声，固言局之，应曰：'吾柳神九烈君，已用柳汁染子衣矣，科第无疑。果得蓝袍，当以枣糕祠我。'固言许之。未几状元及第。"唐代李固言，字仲枢，进士及第。唐文宗时为华州刺史，累官同平章事。宣宗时拜太子太傅。后因用"柳汁染衣"为将取得功名的典故。

（2）"杏花簪帽"（图3-98）。新科进士要簪花于帽，游走街市。杏花又叫"及第花"。兜肚雕饰着头戴杏花的官人，踌躇满志，溢于言表，胡须花白的仆人和端庄而立的达官贵人都笑逐颜开，神采奕奕。寓意春风得意、前程似锦。

图 3-97　柳汁染衣（吴宅）

图 3-98　杏花簪帽（吴宅）

（二）门楼下枋

门楼下枋以元代翁森《四时读书乐》诗句为题，《四时读书乐》歌咏了读书的情趣，是旧时很有影响且情致高尚的劝学诗。作者为宋末遗民翁森，字秀卿，号一飘，因不愿做元朝的官而隐居浙江仙居乡里办书院授徒，极盛时弟子达 800 人。自东而西雕四组人物，构图取园林背景，每一块砖雕上都刻有翁森《四时读书乐》诗的最末一句。

四组画面意境虽分，布局则合而为一，人物生动，景物丰富，犹如山水人物长卷，且有明版书木刻插图风味。

（1）春时读书乐（图 3-99）。

春时读书乐

山光拂槛水绕廊，舞雩归咏春风香。

好鸟枝头亦朋友，落花水面皆文章。

蹉跎莫遣韶光老，人生唯有读书好。

读书之乐乐何如？绿满窗前草不除。

构图一幢船舫式的小轩，湖石峰壁，绿草滋长，一峰突兀，上刻"绿满窗前草不除"句。轩内有一素服书生，另一书生头戴方巾，作吟诗状，西栽桃树一

图 3-99
春时读书乐（吴宅）

棵，叶绿花红，点出春意。

（2）夏时读书乐（图3-100）。

夏时读书乐

修竹压檐桑四围，小斋幽敞明朱晖。

昼长吟罢蝉鸣树，夜深烬落萤入帏。

北窗高卧羲皇侣，只因素稔读书趣。

读书之乐乐无穷，瑶琴一曲来熏风。

曲墙漏窗，月洞门开，湖石假山，一方亭翼然，山峰突起，上雕"瑶琴一曲来熏风"句，池水曲桥，书童穿廊而来，厅前有榭，榭内有几，上陈弦琴，古书茶盏，一书生靠椅而坐，手持书本，一书童手执长柄羽扇为之拂暑，榭旁梧桐枝叶茂盛，显然夏意。

图 3-100
夏时读书乐（吴宅）

（3）秋时读书乐（图3-101）。

秋时读书乐

昨夜前庭叶有声，篱豆花开蟋蟀鸣。

不觉商意满林薄，萧然万籁涵虚清。

近床赖有短檠在，对此读书功更倍。

读书之乐乐陶陶，起弄明月霜天高。

图 3-101 秋时读书乐（吴宅）

卷棚式堂榭，曲栏园林，轩边竹篱，菊花盛开，轩墙外沿刻有"起弄明月霜天高"句，一长者站立院中，一童仆折身采菊，轩前枫树叶丹，点出秋意。

（4）冬时读书乐（图 3-102）。

冬时读书乐

木落水尽千岩枯，迥然吾亦见真吾。

坐对韦编灯动壁，高歌夜半雪压庐。

地炉茶鼎烹活火，四壁图书中有我。

读书之乐何处寻？数点梅花天地心。

画面为一书斋，柴门虚掩，书生在内伏案苦读，丫鬟扇炉煮茶，上刻"数点梅花天地心"，墙外寒梅怒放，点出冬意。

图 3-102 冬时读书乐（吴宅）

第四章

砖雕（下）

第一节

耦园门楼雕饰

耦园原名涉园，为清顺治年间保宁知府陆锦所筑。清末，园归沈秉成，沈及其妻严永华加以增构，寓"夫妇归隐耦耕"之意。

一、"平泉小隐"门楼

"平泉小隐"门楼雕饰（图4-1）非常精美，唐代李德裕游憩的别庄叫平泉庄，此处指像平泉庄一样美丽的隐居之所。宋代张洎《贾氏谈录》云："平泉庄台榭百余所，天下奇花异草、珍松怪石，靡不毕具。"后人常以"平泉"作为园林代

图4-1 平泉小隐（耦园）

表，自然有园主对自己园林的欣赏喜爱之情。

门楼纹头脊上枋两端饰夔龙纹，下枋两端也饰夔龙纹，但更简洁，呈如意状。整个门楼简洁大方，突出隐逸、情爱和向往富贵与幸福的主题。

1. 凤求凰

门楼东侧兜肚雕饰为"凤求凰"（图4-2）。凤凰是传说中的瑞鸟，百鸟之王，集仁、义、礼、德、信五种美德于一体。据说，只要它在世间出现，天下就会太平无事。凤本为雄性，与雌性的凰相匹配。这里，凤鸟站在高山之侧，展开美丽的翅膀，乃求偶之态，周围祥云飘飘。男主人精通道教，按八卦方位东为长男之位，表达了"凤求凰"的意愿，以示对女主人的爱恋。

图4-2
凤求凰（耦园）

2. 凤戏牡丹

西侧兜肚雕饰为"凤戏牡丹"（图4-3）。凤为鸟中之王，牡丹为花中之王。凤凰集优雅、华丽、高贵于一体，穿行于牡丹丛中，寓富贵、美丽、幸福之意。八卦以西为少女之位，以此表达女主人的深情厚谊。

图4-3
凤戏牡丹（耦园）

二、"厚德载福"门楼

《周易·坤》载："地势坤，君子以厚德载物。"《国语·晋语六》载："吾闻之，惟厚德者能受多福，无德而服者众，必自伤也。"三皇五帝都发迹于"天命"之眷顾，但天命之所以降福于他们，是由于他们本身的"德"。有德者才配享天命，建功立业，且施惠百姓，流芳后世，表示有德就有福。此门楼雕饰（图4-4）明快而又厚重。

门楼屋脊为哺鸡脊饰，雕饰牡丹花纹、蔓草纹；上枋正中饰夔龙纹围寿；上枋下端饰云雷纹，且组成如意头状，中嵌花瓶（图4-5）；上枋两侧垂柱雕饰藻纹（图4-6），象征平平安安、称心如意。

图 4-4
厚德载福门楼（耦园）

图 4-5
厚德载福门楼局部（耦园）

图 4-6
厚德载福门楼局部（耦园）

凝固诗画——塑雕

三、"诗酒联欢"门楼

"诗酒联欢"门楼（图4-7）位于楼厅南院落，高约6米，宽约3米，硬山顶，顶部为哺鸡脊。此门楼砖雕画面表达园主向往的文人诗情画意的生活。可惜砖雕人物头部大多被人为毁坏，遗留残缺之美。

1. 门楼上枋

门楼上枋雕饰（图4-8~图4-10）山林人物画五幅，每幅场景人物二至五人不等，似为相遇、酬唱或相别的场景，点缀房屋洞门、山石树木等。上枋东西两端饰倒挂砖柱花篮头，雕狮子滚绣球（图4-11）。

图 4-7
图 4-8
图 4-9
图 4-10

图 4-7
诗酒联欢门楼（耦园）

图 4-8
门楼上枋局部（耦园）

图 4-9
门楼上枋局部（耦园）

图 4-10
门楼上枋局部（耦园）

2. 门楼中枋

门楼中枋（图4-12）周边雕饰回纹浮雕，字额四周雕饰祥云纹，中书楷体大字"诗酒联欢"；东西两侧兜肚处各有一幅深雕作品，树木花石，楼阁俨然。东侧兜肚雕刻的似赴京赶考的场景（图4-13）：楼阁窗前有两人，与楼下的骑马者道别，骑马者旁边有一童仆。西侧兜肚雕刻的似衣锦还乡场景（图4-14）：楼阁栏杆处有三人向下相望，楼阁下一人骑马而来且有两人恭迎的场面。

3. 门楼下枋

门楼下枋处为深雕人物画幅，雕刻的是旧时文人雅士的生活场景，以花树山石、楼阁掩映为背景，人物或行或坐，栩栩如生。雕饰人物或山涧论道、题诗于壁（图4-15）；或纳凉煮茗、欣赏绘画（图4-16）；或对弈（图4-17）；或抚琴（图4-18）。

图4-11 狮子滚绣球（耦园）

图4-12

图4-13　图4-14

图4-15

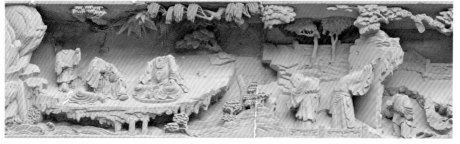

图4-12
门楼中枋（耦园）

图4-13
赴京赶考（耦园）

图4-14
衣锦还乡（耦园）

图4-15
山涧论道、题诗于壁（耦

第四章　砖雕（下）

图 4-16
图 4-17
图 4-18

4-16
凉煮茗、欣赏绘画（耦园）

4-17
弈（耦园）

4-18
琴（耦园）

第二节

艺圃门楼雕饰

艺圃原为明嘉靖二十年（1541年）袁祖庚所建醉颖堂，后归文徵明曾孙文震孟，易名药圃。清顺治十六年（1659年）归山东人姜垛，更名颐圃，又称敬亭山房。后其子姜实节复改名为艺圃。

一、"刚健中正"门楼

"刚健中正"门楼雕饰（图4-19）落落大方，突出光明磊落的主题风格。

1. 多子多寿

门楼正脊两端塑寿桃和石榴，象征多子多寿（图4-20）。"榴开百子"，意谓"百子同室"，也即百子同在一家族之内。同室又名百室，《诗经·周颂》曰："其比如

图4-19 刚健中正（艺圃）

栲，以开百室。"《笺》曰："百室，一族也。"《集说》曰："百室，一族之人也。"石榴"月射血珠将滴地，风翻火焰欲烧人"，其素茎、翠叶及火红的石榴花朵，煞是惹人喜爱。石榴花之艳丽、果实之多籽，其美好寓意不知拨动了多少人的心。

2. 牡丹花

门楼上枋雕饰为花枝连绵、富贵美丽的牡丹花（图4-21）。

3. 夔龙纹

门楼中枋横额"刚健中正"，赞美袁祖庚、文震孟、姜埰三代园主都具有松柏之劲节，他们在明末政坛上均以正直不阿著称，敢于直谏、铁骨铮铮。中枋两端雕饰团形夔龙纹（图4-22），门楼下枋雕饰"夔龙捧寿"（图4-23）。

垂柱底端装饰着莲花，象征园主品行的纯洁。

图4-20 "多子多寿"（艺圃）

图4-21 牡丹花（艺圃）

图 4-22
夔龙纹（艺圃）

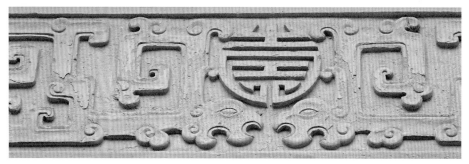

图 4-23
夔龙纹（艺圃）

二、"经纶化育"门楼

"经纶化育"门楼为哺鸡脊饰，横额"经纶化育"（图 4-24）。《礼记·缁衣》云："王言如丝，其出如纶。"所以后来在中书省为皇帝草拟诏旨，即称为掌丝纶。艺圃第二代主人文震孟在明天启二年（1622 年）殿试第一，后官至礼部左侍郎兼东阁大学士。此门楼有文氏家宅特色。

垂柱上雕饰的如意头纹与莲花纹虚实相映（图 4-25）。莲体内犹含乳状汁液，根状茎（莲藕）平生，粗大分节，节上有不定根，中有发达的气道与叶相通。莲花垂柱犹如放大的气道，也是主人有气节的写照。艺圃还有"爱莲窝"，是主人赏莲花之所，与门楼上雕刻的莲花同为对其"出淤泥而不染"特性的彰显。

图 4-24　经纶化育（艺圃）

图 4-25　经纶化育门楼局部（艺圃）

三、"执义秉德"门楼

　　"执义"，坚持合理的该做的事。《诗经·曹风》曰："淑人君子，其仪一分。"汉代郑玄笺曰："仪，义也。善人君子其执义当如一也。"言"守道坚固，执义不回，临大节而不可夺"。[①]"秉德"，保持美德。门额带有治家道德格言性质，也是三代园主的道德写照。

　　图 4-26 所示门楼为哺鸡脊饰，其如意莲花纹垂柱显得洁净雅素。

①（汉）班固等撰：《汉书·贾捐之传》卷六十四。

图 4-26　执义秉德（艺圃）

第三节

天平山门楼雕饰

天平山庄乃范仲淹十七世孙范允临修筑。范允临从福建弃官归苏，为追念先祖，傍天平山依山就水修园，称为"范园"。其中有听莺阁、咒钵庵、岁寒堂、寤言堂、缚经台、桃花涧、宛转桥、鱼乐国、来燕榭、小兰亭诸胜。清初文学家归庄称其"池馆亭台之胜，甲于吴中。每三春时，冶郎游女，画舫鳞集于河干，篮舆鱼贯于陌上，举步游目，应接不暇"。

一、"万笏朝天"门楼

"万笏朝天"门楼雕饰（图4-27）精雅别致，突出世世做官之吉兆。

1. 门楼上枋

门楼上枋雕饰（图4-28）构思别具一格。正中蔓草纹舒卷，略呈左右相对的双凤形；两侧夔龙纹镶嵌灵芝花纹组成如意头状，线条舒展，有凤来仪，寓长寿、如意等吉祥含义。

图4-27
万笏朝天（天平山）

图 4-28　门楼上枋（天平山）

2. 门楼中枋

门楼中枋横额"万笏朝天"（图 4-29）。天平山形成时间距今约 1.3 亿年左右，山石为钾状岩花岗石。经过亿万年的风雨，大自然的鬼斧神工使之形成"如扦如插"的林立峰石群，其状如朝笏，因此有"万笏朝天"之称。笏是古代君臣在朝廷所执记事用的狭长板子，用玉、象牙或竹制成。明代唐寅曾用"千峰万峰如秉笏，峻峻嶒嶒相壁立"形容此山石。

中枋横额左饰寿桃，右饰石榴，象征多子多寿。

门楼下枋与上枋图案类似，只是略简化。

图 4-29
门楼中枋（天平山）

二、"登天平路"门楼

进入"登天平路"门楼（图4-30），即为登天平山的主道。

门楼上枋雕饰（图4-31）用三个菱形相互叠压组成方胜，方胜两两相套，两端饰如意状夔龙纹。"胜"本首饰，因两相叠压相套，被赋予连绵不断的吉祥寓意，广泛用于男女首饰。方胜，传为西王母的发饰，因为戴胜的西王母是中国神话中的生命之神，拥有"不死之药"，能使人长寿，被视为长生不老的象征，其所戴的饰物也就有了吉祥之意。唐代杜甫《人日》诗之二有云："樽前柏叶休随酒，胜里金花巧耐寒。"

凝固诗画——塑雕

图 4-30
登天平路门楼
（天平山）

图 4-31
门楼上枋（天平山）

1. 石榴、寿桃

上枋横额左饰石榴（图4-32），右饰寿桃（图4-33），象征多子多寿。

图4-32 石榴（天平山）　　　　　　图4-33 寿桃（天平山）

2. 双福海棠

下枋雕饰为双蝙蝠连海棠花纹图案（图4-34）。海棠，誉为花中仙子，有花贵妃、花尊贵之美称。海棠花开春天，是春的象征，又与"玉堂"之"堂"谐音，故也有满堂春、阖家春的吉祥含义。与双蝙蝠纹组合在一起，意为福运连绵，满堂幸福。

图4-34 双福海棠（天平山）

三、"功德禅院"门楼

功德禅院为北宋庆历四年（公元1044年）宋仁宗敕赐寺额，为范氏家庙。其门楼雕饰（图4-35）古朴典雅。

1. 荷花

门楼上点缀着荷（莲）花和兰花，清雅可人。荷花（图4-36）呈成熟状态，为佛教的象征，佛教借荷花弘扬佛法。佛教以淤泥秽土比喻现实世界中的生死烦恼，以荷花比喻清净佛性。《华严经·探玄记》以荷花为喻，对真如佛性做以下描述："如荷花有四德，一香、二净、三柔软、四可爱，譬真如四德，谓常乐我净。"

2. 兰花

"婀娜多姿碧叶长，风来难隐谷中香"，兰花被人们誉为"香祖"。兰花（图4-37）高洁自如的气质为人们所敬重，有"花中君子"之雅称。兰花"不以无人而不芳"的美德，则更为人们所称颂。

图 4-35 功德禅院门楼（天平山）

图 4-36 荷花（天平山）　　　图 4-37 兰花（天平山）

图 4-35

图 4-36 ｜ 图 4-37

四、"来燕榭"门楼

"来燕榭"门楼雕饰（图4-38）十分精巧，取宋代诗人斯植"无风山自雨，有主燕还来"诗意。

春天，这里有飞燕徘徊、燕声呢喃，更显山庄寂静。门楼根据"来燕"主题，正脊略呈燕尾弧形，与岭南园林屋脊相似，并以两燕形泥塑装饰正脊的垂脊（图4-39），如飞燕般轻灵，内容与形式完美结合。

图4-38
来燕榭门楼（天平山）

图4-39
来燕榭门楼局部（天平山）

早在《诗经》中就称燕子为商的祖先，"天命玄鸟，降而生商"。有学者称其为"失落的太阳鸟"，是朱雀的化身，凤凰之前的太阳神鸟。燕子是春天的象征，民间视为春燕、春神、吉祥鸟。《诗经》有"燕燕于飞"的描写，燕子飞来，春到人间。燕子喜欢双飞双栖，又成为爱情的象征。"神柳栽柏春满户，春燕衔泥筑新屋"，这一婚庆"喜联"足见人们对燕子的喜爱。古人认为，燕子是天女的替身，是生殖崇拜的物象。《本草纲目》云："人见白燕，主生贵女，故燕名天女。"宋代罗愿《尔雅翼·释鸟燕》："荆楚之俗，燕始来。睇夏小正二月燕乃睇有入室者，以双箸掷之，令有子。"岭南园林厅堂屋脊都呈燕尾状，戗角则为燕尾，对燕子崇拜的痕迹比比皆是。

五、"丕承前烈"门楼

"丕承前烈"门楼雕饰（图 4-40）简洁素雅。门楼上下枋两端雕饰回纹与如意纹组合，中间横额"丕承前烈"指继承前人的功业；两侧兜肚雕饰灵芝花纹（图 4-41）。

图 4-40
丕承前烈门楼
（天平山）

图 4-41
丕承前烈门楼局部（天平山）

六、"恩纶亭"门楼

　　"恩纶亭"是清乾隆十年（1745年），范仲淹十八世孙范瑶为谢赐圣驾临幸而建，以示皇恩浩荡。门楼雕饰典雅（图4-42），门楼上下枋仅用如意纹雕饰两边。中间横额"恩纶亭"意"恩诏亭"，指帝王降恩诏书之亭，字额周边用回纹相环绕，两边兜肚线雕菊花、荷花（图4-43）。

　　"恩纶亭"门楼背面是"扬休"门楼（图4-44），门楼上下枋仅在两端饰以如意纹饰，中间横额"扬休"两字，指阳气生养万物，到处用得着之义。字额周边饰以回纹。

图 4-42
恩纶亭门楼
（天平山）

图 4-43
恩纶亭门楼局部
（天平山）

图 4-44
扬休门楼（天平山）

第四节

玉涵堂门楼雕饰

　　玉涵堂为明代南京吏部尚书吴一鹏的故居，建于明嘉靖十年（1531 年），距今近 500 年的历史，占地面积 5000 多平方米，建筑面积 5468 平方米，是苏州城外最大的古建筑群。玉涵堂作为典型的江南民居，房屋现分四路五进，除主厅玉涵堂为明代遗构，其余是清代及民国时期的建筑，厅堂楼阁齐备，后花园和主体建筑呼应，内有荷花池、假山、桥廊等，为江南名宅的典范之作。

一、"学道存仁"门楼

"学道存仁"门楼雕饰（图4-45）简洁朴素。门楼上枋两端雕饰如意结梅花，下枋两端雕饰如意结灵芝纹，中枋兜肚两侧是云雷纹（图4-46）。"学道存仁"指努力学习道艺，常存仁孝之心。

图4-45 学道存仁门楼（玉涵堂）　　　　图4-46 门楼中枋局部（玉涵堂）

二、"崇德延贤"门楼

"崇德延贤"门楼雕饰（图4-47）精美，是江南砖雕门楼中难得一见的精品。

图4-47 崇德延贤门楼（玉涵堂）

1. 门楼上枋

门楼上枋雕饰（图4-48）精巧别致。状元游街图（图4-49）刻画的状元、榜眼、探花骑马神态各异，栩栩如生。

上枋两端倒挂砖柱花篮头，雕有狮子舞绣球（图4-50）和母狮幼狮嬉戏（图4-51）。

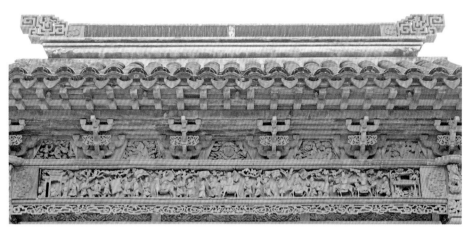

图 4-48
图 4-49
图 4-50 | 图 4-51

图 4-48 门楼上枋（玉涵堂）
图 4-49 状元游街图（玉涵堂）
图 4-50 狮子舞绣球（玉涵堂）
图 4-51 母狮幼狮嬉戏（玉涵堂）

2. 门楼中枋

门楼中枋雕饰（图4-52）主体由横额及东西两侧兜肚组成。中枋横额"崇德延贤"，指崇敬有道德的人，引进有才能的人。

图4-52　门楼中枋（玉涵堂）

东西两侧兜肚分别雕饰和合二仙、寒山拾得。

（1）和合二仙

门楼中枋东侧兜肚雕饰为和合二仙（图4-53）：一束髻孩童手指荷花、另一束髻孩童手指圆盒，画面喜庆吉祥。

（2）寒山拾得

门楼中枋西侧兜肚雕饰为寒山拾得（图4-54）：一位手持扫帚，另一位手持一串铜钱，一派自在潇洒的场景。

图4-53　和合二仙（玉涵堂）

图4-54　寒山拾得（玉涵堂）

3. 门楼下枋

门楼下枋雕饰为百鸟朝凤（图4-55）：在盛开的牡丹花丛中，正中间的两只凤凰在翩翩起舞，众多鸟儿或翱翔天空，或相互嬉戏，或婉转鸣叫，百鸟齐鸣，以喻安居乐业，繁荣昌盛。

图4-55　百鸟朝凤（玉涵堂）

三、"天年其永"门楼

"天年其永"门楼雕饰（图4-56）中，"天年"，是天赋的年寿，即自然寿命。
"天年其永"，含长寿永康之意。

图 4-56
天年其永门楼（玉涵堂）

1. 门楼上枋

门楼上枋雕饰梅（图4-57）、兰（图4-58）、竹（图4-59）、菊（图4-60）"四
君子"。明代黄凤池辑得《集雅斋画谱》中《梅兰竹菊四谱》卷中，明代文学家陈

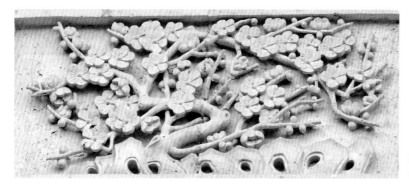

图 4-57
梅（玉涵堂）

图 4-58
兰（玉涵堂）

图 4-59
竹（玉涵堂）

图 4-60
菊（玉涵堂）

继儒在小引中有言"文房清供，独取梅、竹、兰、菊四君者无他，则以其幽芳逸致，偏能涤人之秽肠而澄莹其神骨。"遂成就梅、兰、竹、菊"四君子"之名。以梅傲似高洁志士，兰幽似世上贤达，竹澹似谦谦君子，菊逸似世外隐士，以喻世人高洁的品格。

2. 门楼中、下枋

门楼中枋兜肚两侧分别雕饰"鹿柏同春"（图 4-61）和"松鹤延年"（图 4-62）。门楼下枋两端饰以简洁的如意灵芝纹。

图 4-61　鹿柏同春（玉涵堂）

图 4-62　松鹤延年（玉涵堂）

第五节

墙门雕饰

两旁墙垣高出门墙屋顶者称墙门。

一、"竹松承茂"墙门

"竹松承茂"墙门（图4-63）为网师园女厅对景墙门。

1. 墙门上枋

墙门上枋刻有如意纹、金钱纹、菊花纹官帽图案（图4-64），象征事事如意、家财万贯、长寿富贵、世代为清廉正直的高官。

上枋下端饰葫芦藤蔓纹。葫芦多籽，为得子、多子之兆；藤蔓，被赋予瓜瓞绵绵的吉祥寓意和传宗接代的象征意义。

图 4-63
竹松承茂墙门（网师园）

图 4-64
墙门上枋（网师园）

上枋垂脊雕饰莲藕、荷花及牡丹花。"荷"与"和""合"谐音，"藕"与"偶"谐音，"莲"与"连"谐音，象征喜结连理、百年好合（图4-65）；藕间有节，节下生须根，素有灵根之誉；莲蓬多籽，比喻"早生贵子"；荷花"出淤泥而不染，濯清涟而不妖"，又成为清高君子的象征；牡丹花素有富贵花之称，综合寓意为夫妻和睦、多子多孙、富贵长寿、幸福如意，为官清廉。

图4-65 墙门上枋局部（网师园）

2. 墙门中枋

墙门中枋两端雕饰磬和一对鲤鱼。磬为古代打击乐器，形状像曲尺，用玉或石制成；磬本身可兆祥瑞，表示普天同

图4-66 墙门上枋局部（网师园）

庆之意，也是"杂八宝"之一。鱼多子，是祝福高升与富足的吉祥符号；"鱼"与"余"谐音，象征年年有余，"双鲤"与"双利"谐音，比喻"吉庆双利"（图4-66）。

磬上由左向右依次刻有宝瓶、盘长、法螺、莲花，与双鱼组成"八吉祥"中的五种器物。"八吉祥"是佛教图案纹样：宝瓶代表福智圆满；盘长象征连绵不断；法螺声声悠扬，妙音吉祥；莲花象征不受世俗纷扰，出淤泥而不染。

中枋横额"竹松承茂"，取《诗经·小雅》："秩秩斯干，幽幽南山。如竹苞矣，如松茂矣。兄及弟矣，式相好矣，无相犹矣。"以长满翠竹、林木，覆盖着茂密青松的终南山起兴，联想到兄弟相亲相爱、家族和睦兴盛。松与竹在这里象征昌盛，意为子孙昌盛、家族兴旺。

墙门下枋仅在两端雕饰如意纹。

二、沧浪亭墙门

沧浪亭是苏州现存最古老的园林，原为五代吴越国广陵王钱元璙近戚孙承佑的别墅。宋庆历五年（1045年），诗人苏舜钦在此筑沧浪亭，取《楚辞·渔父》"沧浪歌"寓意。此墙门（图4-67）因年代久远，而略显斑驳。

1. 墙门顶端

　　墙门顶端雕饰（图 4-68）为如意别扣，正中雕刻聚宝盆（图 4-69），盆中有元宝、古钱等，喻富贵如意。盆左右各置一花瓶，或插象征"隐君子"的菊花，或插荷花与兰花。荷花因其清香、洁净被人们所喜爱。宋代周敦颐《爱莲说》赞其"濯清涟而不妖"，故荷花成为清雅君子的象征；兰花乃花中君子。两盆水仙花放置东西两侧，水仙因其冰肌玉骨、淡雅幽香，开花于清水彩石之间，犹如水上仙女般婀娜多姿，被人们称为"凌波仙子"或"玉玲珑"。东侧祥鹿送瑞，象征着财富和福寿；西侧三足金蟾吐珠。

图 4-67
沧浪亭墙门

图 4-68
墙门顶端（沧浪亭）

图 4-69
墙门顶端局部（沧浪亭）

2. 墙门上枋

墙门上枋左右两对如意别扣，下方夔龙纹嵌荷花与盘长纹，象征如意和美、连绵不断。两边垂柱上雕饰"双龙戏珠"图案（图 4-70）。

图 4-70
墙门上枋局部（沧浪亭）

3. 墙门中下枋

"沧浪亭"中枋字额两侧，雕饰牡丹花（图 4-71）和菊花（图 4-72），字额、牡丹花、菊花周围又饰盘长、叠胜、如意、古钱等吉祥图案，两端如意别扣中置宝盆；下枋是两对如意别扣嵌宝盆。整幅图案象征长寿、富贵、平安、如意。

图 4-71
墙门中枋局部（沧浪亭）

图 4-72
墙门中枋局部（沧浪亭）

三、可园墙门

可园墙门雕饰（图4-73）之"可园"二字，以《论语·微子》中孔子所说的"无可无不可"立意。宋代朱熹引孟子的话解释："孔子可以仕则仕，可以止则止，可以久则久，可以速则速。所谓无可无不可也。"表现孔子生活态度的灵活性，不拘泥于一种生活形态。

1. 墙门上枋

墙门上枋雕饰"福山寿海"图，两只蝙蝠在云中飞翔，后降至福山，两端嵌如意别扣（图4-74）。

图4-73　可园墙门

图4-74　墙门上枋局部（可园）

凝固诗画——塑雕

2. 墙门中枋

（1）荷花。墙门中枋两只花篮分置字额两旁。花篮中盛放半开的荷（莲）花及莲蓬（图4-75），不同生长期形态各异的荷（莲）叶，好似睡莲图，可谓匠心独具。初生的荷叶从藕节上探出，尚未露出水面的叫"钱叶"；其后逐渐生长，浮出水面的叫"浮叶"；叶柄能直立挺出水面的叫"立叶"。这幅雕刻让我们一睹荷花夏季盛开、秋季成熟的生命历程。

（2）牡丹花。在另一花篮中，牡丹花正待分根繁殖（图4-76）。这里不仅仅指的是繁殖牡丹，更重要的是寓意繁殖富贵。

（3）葡萄藤蔓。墙门横匾周围，雕饰着逼真的葡萄藤蔓（图4-77）。盛夏葡萄浓荫浮绿、繁果满架、藤蔓萦回，可谓"满架高撑紫络索，一枝斜弹金琅珰"。葡萄多籽，象征家族繁衍昌盛。

图4-75　荷花（可园）

图4-76　牡丹花（可园）

图4-77　葡萄藤蔓（可园）

图4-75 ｜ 图4-76

图4-77

四、"淡泊宁静"墙门

玉涵堂"淡泊宁静"墙门雕饰（雅致）（图4-78）"淡泊宁静"最早出自西
汉初年刘安的《淮南子·主术训》："人主之居也，如日月之明也。天下之所同
侧目而视，侧耳而听，延颈举踵而望也。是故非澹泊（同淡泊）无以明德，非宁
静无以致远，非宽大无以兼覆，非慈厚无以怀众，非平正无以制断。"诸葛亮的
《诫子书》也有引用，"非淡泊无以明志，非宁静无以致远。"

墙门上枋下端挂落精巧，雕饰有蝙蝠口衔灵芝，伴有寿桃、竹子等纹饰，含
有福寿安宁之意；两端垂柱雕饰为盛开的向日葵，喻忠诚坚定之意。中枋左右兜
肚雕饰人物精巧别致，下枋两端雕饰如意头纹，中间饰夔龙纹与灵芝相穿插。

图4-78　淡泊宁静墙门

五、"孝思维则"墙门

"孝思维则"墙门（图4-79）（横额）出自《诗经·下武》："永言孝思，孝
思维则。"毛传："则其先人也。"郑玄笺："长我孝心之所思。所思者其维则三后
之所行。子孙以顺祖考为孝。"

墙门顶端两端嵌如意别扣，两侧垂柱各雕饰一柄如意，下饰分别为菊花、牡
丹花，寓意如意长寿、富贵华美。

图 4-79
孝思维则墙门
（玉涵堂）

图 4-80
绳其祖武墙门
（玉涵堂）

六、"绳其祖武"墙门

"绳其祖武"墙门（图 4-80）（横额）出自《诗经·大雅·下武》。绳：继续；武：足迹。踏着祖先的足迹继续前进，比喻继承祖业。

上枋垂柱雕饰有展翅蝙蝠口衔铜钱，垂柱下端饰茂盛的牡丹花，含有福到眼前、富贵吉祥之意（图 4-81）。中枋两侧兜肚雕饰有"五福捧寿"，五只展翅蝙蝠在祥云中飞翔，围绕着中间两个寿桃，寓意福寿绵长（图 4-82）。

图4-81 垂柱（玉涵堂）　　图4-82 五福捧寿（玉涵堂）

七、"德音孔昭"墙门

"德音孔昭"墙门雕饰（趋于富丽）（图4-83）。"德音孔昭"出自《诗·小雅·鹿鸣》。德音：好的言论。孔：很。昭：著明。意谓嘉言谠论，深切著名。

图4-83　德音孔昭墙门（玉涵堂）

1. 墙门上枋

墙门上枋雕饰如意结纹及枝繁叶茂的牡丹（图4-84），寓如意吉祥、富贵繁盛之意。

2. 墙门中枋

墙门中枋雕饰主体由横额及东西两侧兜肚（图4-85、图4-86）组成。两侧兜肚都雕饰山石旁盛开的牡丹花，寓长寿富贵之意。

3. 墙门下枋

墙门下枋雕饰主要是两幅"瓜瓞绵绵"（图4-87）和一幅"富贵满堂"（佛手、荷花、海棠花取其谐音，寓意"富贵满堂"）组成（图4-88）。表达家族昌盛、富贵满堂之意。

图 4-84 墙门上枋局部（玉涵堂）
图 4-85 牡丹花（玉涵堂）
图 4-86 牡丹花（玉涵堂）

图 4-84
图 4-85 ｜ 图 4-86

图 4-87　瓜瓞绵绵（玉涵堂）

图 4-88　墙门下枋局部（玉涵堂）

八、"福生有基"墙门

"福生有基"墙门雕饰（图 4-89）简洁朴素。《汉书·贾邹枚路传》载："福生有基，祸生有胎。纳其基，绝其胎，祸何自来？"幸福或灾祸都不是无故产生的，都依附有一定的条件。两端的如意莲花纹垂柱清淡雅净。

图 4-89　福生有基墙门（玉涵堂）

九、"通德高风"墙门

　　榜眼府第的"通德高风"墙门雕饰（图4-90）精美多彩，墙门上方中间有"暗八仙"——花篮雕饰（图4-91），花篮内盛着奇花异果，能光通神明。

1. 墙门上枋

　　墙门上枋分别雕饰"渔"（图4-92）、"樵"（图4-93）、"耕"（图4-94）、"读"（图4-95）四幅图案，寄托了对田园生活的向往和淡泊自如的人生境界。

图4-90
通德高风墙门
（榜眼府第）

图4-91
花篮（榜眼府第）

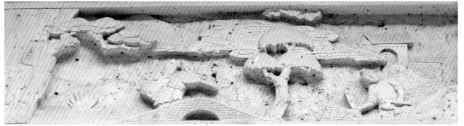

图 4-92　渔（榜眼府第）
图 4-93　樵（榜眼府第）
图 4-94　耕（榜眼府第）
图 4-95　读（榜眼府第）

图 4-92
图 4-93
图 4-94
图 4-95

2. 墙门中枋

墙门中枋字额"通德高风"（图 4-96），即高风亮节之意。字额四周雕饰蔓草纹、夔龙金钱纹等，两边雕饰花瓶，花瓶中分别插有菊花、荷花，象征世代平安富贵、长寿幸福、清雅吉祥。

墙门中枋东西两侧兜肚分别雕饰"三顾茅庐""空城计"的故事。兜肚两边各饰有花瓶一对。

（1）"三顾茅庐"。"三顾茅庐"（图 4-97）讲述的是东汉末年，诸葛亮居住在隆中的茅庐里。谋士徐庶向刘备推荐说：诸葛亮是个奇才。刘备为了请诸葛亮帮助自己打天下，就同关羽、张飞一起去请他出山。可是诸葛亮不在家，刘备只好留下姓名，快快不乐地回去。隔了几天，刘备打听到诸葛亮回来了，又带着关羽、张飞冒着风雪前去。哪知诸葛亮又出门了，刘备他们又空走一趟。刘备第三次去隆中，终于见到了诸葛亮。在交谈中，诸葛亮对天下形势做了非常精辟的分析，刘备十分叹服。刘备三顾茅庐，使诸葛亮非常感动，答应出山相助。刘备尊诸葛亮为军师，对关羽、张飞说，我之有孔明，犹鱼之有水也！

（2）"空城计"。"空城计"（图4-98）出自明代罗贯中《三国演义》。魏国派司马懿挂帅进攻蜀国街亭，诸葛亮派马谡驻守失败。司马懿率兵乘胜直逼西城，诸葛亮无兵迎敌，但沉着镇定，大开城门，自己在城楼上弹琴唱曲，让士兵扮成百姓模样，洒水扫街。司马懿怀疑设有埋伏，引兵退去。

3. 墙门下枋

墙门下枋两端雕饰有夔龙纹，中间雕饰"李白醉酒"的故事（图4-99）。唐代诗人李白性爱喝酒，每日与酒友们在喝酒之中玩乐，唐玄宗喜好诗词曲乐，想

图4-96
墙门中枋局部（榜眼府第）

图4-97
三顾茅庐（榜眼府第）

图 4-98
空城计（榜眼府第）

图 4-99
李白醉酒（榜眼府第）

要造乐府新词，于是召见李白，然而李白已经卧倒于酒席之中。当把李白召进宫后，便以水洒于纸面中，即刻持笔，写下十多首诗，唐玄宗颇为高兴。

第六节

北半园"且住为佳"楼阁雕饰

北半园，是清咸丰年间苏州道台陆解眉在一座旧园的基础上扩建而成，即陆氏半园，位于白塔东路 60 号，占地 1130 平方米。园在住宅东部，水池居中，环以船厅、水榭、曲廊、半亭，建筑多以"半"为特色。园东北部的二层半重檐楼阁"且住为佳"，意思是暂且住在这里很好。此楼阁曾是园主陆解眉的藏书楼，外观两层半，实则三层，精美独特的造型，在江南园林中极为少见。"且住为佳"楼在第一层和第二层中间雕有精美的砖雕图案（图 4-100）：

图 4-101 雕饰鼻卷如意的大象，背上驮着花瓶，瓶内盛有三把戟，两边饰有飘带系着铜钱和盘长，寓吉祥（骑象）如意、平（瓶）升三级（戟）、世代富贵之意。

图 4-102 雕饰博古架上置有梅、兰、竹、菊四盆景，中间为麒麟送子，寓意

多子多寿、平安富贵。

图 4-103 雕刻的"麒麟吐书"图案所吐为卷状书，旁边点缀万年青盆景及牡丹花瓶，寓意富贵长青；团寿香炉旁边点缀着柿子、橄榄，寓长寿如意之意。

图 4-104 雕饰博古架上置有盛开的荷花、含苞的荷花及荷叶，旁边点缀着飘带所系的琴和棋，象征文人清雅恬淡的生活；"鹿吐祥云"旁边点缀着果实，喻

图 4-100
"且住为佳"楼
（北半园）

图 4-101
平升三级（北半园）

图 4-102
麒麟送子、梅兰
竹菊（北半园）

图 4-103
麒麟吐书、团寿
香炉（北半园）

吉祥富贵之意。

  图4-105 雕饰双鲤鱼花瓶中插有盛开的牡丹花，旁边点缀有灵芝，喻富贵平安；一只羊口吐祥云，旁边点缀着枣子、石榴果实，喻吉祥如意、多子多福；花盆内盛开的花朵，旁边点缀如意灵芝，喻昌盛荣华。

  图4-106 雕饰梅花花瓶中盛有灵芝，旁边点缀着佛手和牡丹等，寓长寿富贵。

  图4-107 雕饰石榴、寿桃、柿子等果实，寓意多子多寿、事事如意。

  图4-108 雕饰莲花花瓶中如意祥云飘飘，旁边点缀寿桃、石榴，寓吉祥如意、多子多寿之意。

图 4-104

图 4-105

图 4-106

图 4-107

图 4-104 荷花、鹿吐祥云（北半园）

图 4-105 吉祥如意（北半园）

图 4-106 灵芝、佛手、牡丹（北半园）

图 4-107 石榴、寿桃、柿子（北半园）

图4-109雕饰着花瓶，点缀有葫芦、葡萄、枇杷等果实，寓万代长春、多子多财之意。

图4-110雕饰富贵牡丹、竹报平安等图纹。

图 4-108　祥云、石榴、寿桃（北半园）　　　　　　　　　　图 4-108

图 4-109　葫芦、葡萄、枇杷（北半园）　　　　　　　　　　图 4-109

图 4-110　牡丹、竹子（北半园）　　　　　　　　　　　　　图 4-110

第五章

石雕（上）

石雕是在天然石材上精心雕琢表现的建筑美,不同的建筑物雕刻的题材也不同。苏州园林在石碑、牌坊等纪念性建筑物和石幢等宗教性建筑物上,往往雕刻着与建筑物相应的题材。

第一节
石碑雕饰

石碑是直立石造标记,呈柱状或板状,上有瑞兽、仙卉等吉祥图案雕饰,有的上面有题字。

一、瑞兽

1. 龙

龙为皇帝的化身,凡是与帝王有关的石碑都有龙的身影。清朝只有皇亲国戚才有资格佩挂龙的标志,皇帝独享黄龙、紫龙图案;亲王、阿哥、贝勒、贝子为龙子图案。龙、凤被最高统治者所攫取,失去了图腾原来的综合意义。苏州是清代皇帝下江南必游之地,所到之处地方官立碑纪念,于是也处处可见龙石碑雕刻:单龙戏珠、双龙戏珠(图5-1~图5-5)、三龙戏珠和多龙戏珠。

图5-1 龙(天平山)

图5-2 龙(狮子林)

① （南朝）任昉编：《述异记》卷上。

《庄子》言："千金之珠，必在九重之渊而骊龙颔下"；《埤雅》言："龙珠在颔"；《述异记》言："凡珠有龙珠，龙所吐者"。① 龙珠常含在龙口中，适时才会把它吐出来（图5-6、图5-7）。

珠，是水中某些软体动物在一定的外界条件刺激下，由贝壳内分泌珍珠质形成的圆形固体颗粒，光泽十分亮丽，因称珍珠。龙为水族之长，龙珠自然不同凡响。古人或许是将鳄卵、蛇卵视为"珠"，卵是生命之源，龙珠即龙卵；双龙戏珠，象征着雌雄双龙对生命的呵护、爱抚和尊重，表达了古人的生命意识。

一说龙能降雨，民间遇旱年常祭拜龙王祈雨。后演变成"耍龙灯"的民俗活动，"双龙戏珠"即由"耍龙灯"演变而来，有庆丰年，祈吉祥之意。

沧浪亭闲吟亭碑刻乾隆《江南潮灾叹》七首，实际上已成御碑亭，故雕刻着双龙戏珠图案（图5-8）。

图5-3　龙（狮子林）

图5-4　龙（虎丘）

图5-5　龙（虎丘）

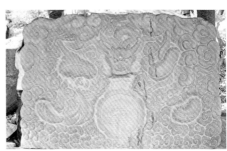

图5-6　龙（天平山）

图5-7　龙（天平山）

图5-8　龙（沧浪亭）

沧浪亭仰止亭壁刻乾隆御题文徵明小像诗:"飘然巾垫识吴侬,文物名邦风雅宗。乞我四言作章表,较他前辈庆遭逢。生平德艺人中玉,老去操持雪里松。故里遗祠瞻企近,勖哉多士善希踪。"其上亦雕刻着双龙戏珠图案(图5-9)。

天平山御碑亭碑刻双龙戏火珠(图5-10、图5-11)。火焰升腾的火珠或火球,象征着太阳出海。龙为东方之神,龙戏火珠就有太阳崇拜的意义。如果双龙戏火珠,则象征雌雄双龙共迎旭日东升。

龙喜水好飞,《周易》曰:"飞龙在天,利见大人。"图5-12为双龙相向,口衔成为佛花的荷花。

图5-9 龙(沧浪亭)

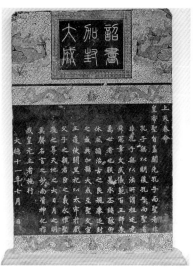

图5-10 龙(天平山)

图5-11 龙(天平山)

图 5-12 龙（虎丘）

2. 麒麟献瑞

麒麟，传说中的神兽，是吉祥和瑞的象征。《月令传记》："麟生于火，游于土，故修其母，致其子，五行之精。"据说，麒麟是岁星散开而生成，主祥瑞。《说苑》载：麒麟"含仁怀义，音中律吕，行步中规，折旋中矩，择土而后践，位平然后处，不群居，不旅行，纷分其质文也，幽问则循循如也"。有学者认为，麒麟由鹿的形象演化而来，被古人视为神兽、仁兽，民间百姓期盼它带来丰年、福禄、长寿与美好，所以有"麒麟献瑞"之说（图 5-13、图 5-14）。

图 5-13
麒麟献瑞（天平山）

图 5-14
麒麟献瑞（天平山）

3. 狮子舞绣球

雄狮壮硕雄健，颈有鬣毛。我国古代工艺中的狮纹样，是历代民间艺人加工、提炼并加以图案化的结果，较真狮更加英武。

狮子造型为喜庆形象，渊源于南朝宗悫指挥士兵戴着狮子头套大败敌军的作战方法，并演绎为双狮舞绣球的人类生殖仪式（图 5-15）。据《汉书·礼乐志》记载，汉代民间流行"狮舞"，两人合扮一狮，一人持彩球逗之，上下翻腾跳跃，活泼有趣。舞狮子为民俗喜庆活动，寓意祛灾祈福。六只活泼生动的狮子手抓彩带争相舞绣球，比喻六六大顺、事事吉祥（图 5-16）。

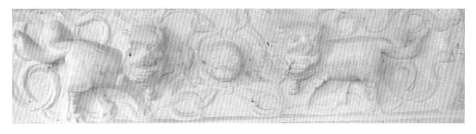

图 5-15　狮子舞绣球（天平山）

图 5-16　狮子舞绣球（沧浪亭）

二、吉祥图案

　　鹿与鹤相望，两者间的寿石上生有灵芝、松、竹，组成"六合同春"吉祥画面（图 5-17）；缭绕的祥云中，两只飞翔的仙鹤引颈相望（图 5-18），喻长寿吉祥。

　　御碑亭石碑侧面雕饰着细致精美的吉祥图案（图 5-19），有铜钱纹、如意纹、荷花纹、菊花纹、寿桃纹、葵花纹、佛手纹、艾叶纹、方胜纹等。艾叶，传为西王母赐药。

图 5-17
吉祥图案（天平山）

第五章　石雕（上）

图 5-18
吉祥图案（天平山）

图 5-19
吉祥图案（沧浪亭）

第二节

牌坊雕饰

牌坊亦称牌楼，门洞式纪念性建筑物，为宣传礼教或标榜功德之用。基础设柱台，上有瑞兽仙禽等雕饰。

一、虎丘牌坊

虎丘牌坊雕饰（图 5-20），正面上方为祥云中飞翔的仙鹤（图 5-21）；下方为双狮舞绣球（图 5-22）。牌坊北面雕饰（图 5-23）为浪花中跳跃的鲤鱼（图 5-24），喻鲤鱼跳龙门；牌坊石柱上方刻有祥云中站立的仙鹤（图 5-25）。

图 5-20　虎丘牌坊

第五章　石雕（上）

图 5-21
图 5-22
图 5-23

图 5-21
虎丘牌坊局部

图 5-22
虎丘牌坊局部

图 5-23
虎丘牌坊局部

图 5-24　虎丘牌坊局部

图 5-25　虎丘牌坊局部

二、天平山牌坊

1. "高义园" 牌坊

"高义园"三字，是清乾隆皇帝南巡至天平山，为表彰宋杰出政治家、军事家、文学家范仲淹捐宅创立义庄以养济族人，以及曾将俸禄五百斛麦子周济"三丧未葬，二女未适"的老友石曼卿等义举，遂取唐杜甫诗中"辞第输高义，观图忆古人"句意亲笔题写的。牌坊（图 5-26）矗立在天平山正南入口处，柱雕祥云（图 5-27），非常精美。

2. 无名牌坊

无名牌坊（图 5-28）上刻有仙卉纹（图 5-29），柱雕祥云仙鹤（图 5-30），寓意吉祥。

图 5-26 "高义园"牌坊（天平山）

图 5-27 "高义园"牌坊局部（天平山）

图 5-28
无名牌坊（天平山）

图 5-29
无名牌坊局部（天平山）

图 5-30
无名牌坊局部（天平山）

3."祥发中吴"牌坊

"祥发中吴"牌坊（图5-31）正中刻有"祥发中吴"四字，上下饰蔓草纹；牌坊背面雕两组双龙戏珠图案（图5-32、图5-33）；柱雕仙鹤独立在祥云中（图5-34），石柱下方刻有拟日纹（图5-35）。

图5-31
祥发中吴牌坊局部（天平山）

图5-32
祥发中吴牌坊局部（天平山）

图 5-33 祥发中吴牌坊局部（天平山）

图 5-34 祥发中吴牌坊局部（天平山）

4."先忧后乐"牌坊

"先忧后乐"牌坊（图5-36）原立于范庄前，毁于"文化大革命"期间，此为纪念范仲淹诞辰一千周年时重建。

额为顾廷龙所书，取自宋范仲淹《岳阳楼记》中的"先天下之忧而忧，后天下之乐而乐"之名句。牌坊上方正中雕饰宝葫芦（图5-37），两侧为鱼龙吻脊饰（图5-38）。

图5-35 祥发中吴牌坊局部（天平山）

图5-36
先忧后乐牌坊（天平山）

图5-37
先忧后乐牌坊局部（天平山）

图 5-38
先忧后乐牌坊局
部（天平山）

三、沧浪亭牌坊

　　沧浪亭牌坊（图 5-39）正中刻有"沧浪胜迹"四字，柱雕仙鹤独立在祥云中。

图 5-39
沧浪亭牌坊

第三节

石幢雕饰

石幢也叫经幢，是刻有佛的名字或经咒的石柱。柱身多为六角形或圆形；或在八角形的石柱上刻经文与佛像，是用以宣扬佛法的纪念性建筑物。石幢始见于唐，到宋、辽时颇有发展，以后又少见。石幢一般由基座、幢身、幢顶三部分组成，形状如塔。《履园丛话·碑帖》载："吴门碑刻，遭建炎兵火，十不存一。故汉唐之碑绝少，今所存者惟石幢耳。"留存至今的石幢均很珍贵。

一、虎丘石幢

虎丘的千人石，呈殷红色。传说阖闾墓筑成后，吴王夫差怕工匠泄露墓内机关秘密，便以邀请参加筑墓的一千多名工匠饮酒看鹤舞之名，将他们全部杀害。工匠的血浸渍渗透，与岩石融合，其殷红色日久不褪，因称千人石。实际上此有色岩石是火山爆发形成的酸性喷出岩。千人石上的两座石幢，是纪念传说中为修吴王之墓惨死在千人石上的工匠们而立。东侧石幢较粗矮，基座上雕有寿山、如意云纹等吉祥图案（图5-40）；西侧石幢柱身修长，刻有佛像、莲花座、荷叶纹等吉祥图案（图5-41）。

图 5-40
虎丘东侧石幢

图 5-41
虎丘西侧石幢

二、留园、拙政园、怡园石幢

据说，因苏州多水，溺水者多，故在水边立石并刻上佛号，俗称"石和尚"，以超度溺水亡灵；后渐衍化成水中石幢，点缀装饰水景。

留园水池东南角的青石幢，高约 2 米，宝葫芦顶，莲花座，如意云纹饰（图 5-42）；水池东北角的石幢，顶部宝刹状如寿桃，中部刻如意云纹，下部三层莲

图 5-42
留园石幢

花座（图 5-43）。

　　拙政园"与谁同坐轩"前的石幢很秀美，柱身刻有坐在莲花宝座上的佛像（图 5-44）。

　　怡园水池的石幢，宝葫芦顶，莲花座，造型古朴（图 5-45）。

图 5-43
留园石幢

图 5-44
拙政园石幢

图 5-45
怡园石幢

三、天平山石幢

天平山石幢中部为莲花座，柱身刻有一尊佛像，如坐莲花宝座上（图5-46）。

图 5-46
天平山石幢

第六章

石雕（下）

石材应用于宅园建筑上的构件，主要有抱鼓石、石亭、石桥、石栏杆、花坛、石阶等建筑小品。在苏州园林中，这些石材上雕琢出的各类吉祥图案随处可见。

第一节

抱鼓石雕饰

抱鼓石，一般是指位于宅门入口、形似圆鼓的两块人工雕琢的石制构件。因为它有一个犹如抱鼓的形状承托于石座之上，故此得名，有祈福、吉祥、辟邪等寓意。抱鼓石是中国宅门"非贵即富"的门第符号，是最能标志房屋等级差别和屋主身份地位的外在标志和装饰艺术小品。

抱鼓石的等级是由门第等级决定的。清代张廷玉等所撰《明史·舆服四》中有"百官第宅：公侯，门三间，五架，用金漆及兽面锡环；一品、二品，门三间，五架，绿油，兽面锡环；三品至五品，门三间，三架，黑油，锡环；六品至九品，门一间，三架，黑门，铁环"。清代又沿袭明制，《清律例》规定：一二品正门三间五架；三至五品正门三间三架；六至九品正门一间三架。

抱鼓石是官衙门前升堂击鼓和守门狮子的结合体。《说文解字》载："鼓，击鼓也。"中国古代击鼓升堂、击鼓定更等，已经形成了官制的行为特征，这使鼓成了官衙的符号。捐官政策为商人扩充政治资本的同时，也为抱鼓石花落商家大户奠定了礼制基础。清亡之后，宅第建设等级限制取消，于是一般富贵人家也都置抱鼓石以彰显门第。

抱鼓石鼓顶的狮子是龙生九子之一的椒图，"俗传龙生九子，不成龙，各有所好：……九曰椒图，形似螺蚌，性好闭，故立于门铺首"[1]。椒图形似水中的螺蚌，有一圈圈的螺纹，它喜好闭合，放在门前跟石狮子一样是看门的。二者所指的符号语义相同，同质异构而已。

抱鼓石绝不能脱离其主人背后的政治、经济基础而独立存在。建筑学家吴良镛说，抱鼓石"已经不仅是一种样式，而是植根于生活的深层结构，是一种居住文化的体现"。

[1]（明）杨慎：《升庵外集·龙生九子》。

苏州园林的抱鼓石装饰雕刻部位可分为鼓座、鼓面、鼓顶三类。雕刻纹样题材有瑞兽祥禽、灵木仙卉等。

一、瑞兽祥禽

1."狮子舞绣球"

抱鼓石的鼓面装饰犹如螺旋曲线的装饰纹样。"狮子舞绣球"是最常见的雕刻纹样（图6-1~图6-4），有三狮舞（戏）球（三世戏酒）（图6-5~图6-8）、四狮同堂（四世同堂）、五狮护栏（五世福禄）等图案；鼓顶上面一般也雕成狮形，有站狮、蹲狮或卧狮。狮者，兽中之王也，是旧时大户人家尽显豪门威严的象征。

图6-1 狮子舞绣球（榜眼府第）

图6-2 狮子舞绣球（狮子林）

图6-3 狮子舞绣球（网师园）

图6-4 狮子舞绣球（天平山）

图6-5 狮子舞绣球（虎丘）

图 6-6　狮子舞绣球（虎丘）

图 6-7　狮子舞绣球（留园）

图 6-8　狮子舞绣球（狮子林）

2. 吉祥图案

抱鼓石上雕刻的麟、凤、鹿、鹤、猴、鹊、蜂等瑞兽祥禽，形神兼备，姿态各异。

《吴越春秋》载：禹养万民，"凤凰栖于树，鸾鸟巢于侧，麒麟步于庭，白鸟佃于泽。"麟凤呈祥（图 6-9、图 6-10）、丹凤朝阳（图 6-11）等吉祥图案，均比喻追求幸福，天下太平。

图 6-9　吉祥图案（虎丘）

图 6-10　吉祥图案（虎丘）

图 6-11　吉祥图案（虎丘）

图 6-9

图 6-10

图 6-11

鹿与鹤组合成"六合同春"的吉祥图案（图
6-12）。"鹿"与"禄"谐音，又与"乐"吴音
相同，有富贵及欢天喜地之意。草地上的梅花
鹿与梅花树上的喜鹊相向，好一幅自得其乐的
"喜乐同春"图（图6-13），也可谓"喜乐同寿"。

大树上有一蜂巢，周围一群蜜蜂飞来飞去；
树下活泼的猴子，一手紧拽大树枝条，一手拿着
树枝与群蜂嬉戏。此吉祥图案寓意为"代代封侯"
（图6-14）。

图6-12 吉祥图案（虎丘）

3. 刘海戏金蟾

"刘海戏金蟾"（图6-15、图6-16）的典故
明代已有记载。明《六砚斋笔记》载："……海蟾子，哆口蓬发，一蟾玉色者戏
踞其顶，手执一桃，莲花叶，鲜活如生。"刘海为钓钱散财之神。

图6-13 吉祥图案（留园）

图6-14 吉祥图案（留园）

图6-15 刘海戏金蟾（狮子林）

图6-16 刘海戏金蟾（狮子林）

二、灵木仙卉

　　抱鼓石的鼓面、鼓座上浮雕着梅、兰、竹、菊"四君子"（图6-17、图6-18）和拟日纹、荷花纹、莲蓬纹、灵芝纹、宝相花纹、如意纹、蔓草纹、祥云纹等，表达花开富贵、连生贵子、福寿吉祥的愿望。

　　图6-19和图6-20雕饰纯洁的荷花与莲蓬，表达世俗多子的愿望。

　　如意、蔓草和灵芝等仙卉雕饰，表达健康长寿、如意绵绵的祝福（图6-21、图6-22）；牡丹折枝图案（图6-23），表达希冀富贵。图6-24是苏州园林中比较罕见的宝相花雕饰。宝相花又称宝仙花，盛行于唐代，相传它是一种寓"宝""仙"之意的装饰纹样。纹饰构成一般以某种花卉（如牡丹花、莲花）为主体，中间镶嵌形状不同、粗细有别的其他花叶。尤其在花蕊和花瓣基部用圆珠作规则排列，像闪闪发光的宝珠，加以多层次退晕色，极其富丽珍贵。

图6-17　灵木仙卉（狮子林）

图6-18　灵木仙卉（狮子林）

图6-19　灵木仙卉（虎丘）

图6-20　灵木仙卉（虎丘）

图 6-21　灵木仙卉（网师园）

图 6-22　灵木仙卉（网师园）

图 6-23　灵木仙卉（虎丘）

图 6-24　灵木仙卉（天平山）

三、拟日纹

图 6-25、图 6-26 都是雕有涡状拟日纹的抱鼓石，寓阖家幸福、前程光明之意。

图 6-25　拟日纹（天平山）

图 6-26　拟日纹（网师园）

第二节

石亭、石桥雕饰

一、石亭

1. 沧浪亭

沧浪亭雕饰甚丰，有凤凰站立在折枝牡丹上，即凤栖牡丹（图6-27、图6-28），象征富贵至极；有梅花树上的喜鹊与树下的梅花鹿相向（图6-29），喜鹊报喜，祥鹿长寿，且"鹿"与"乐"谐音，可谓喜乐同春、喜乐同寿；有从天而降的蝙蝠与佛手、寿石的组合（图6-30），寓福寿双全。

图6-27 沧浪亭局部　　图6-28 沧浪亭局部　　图6-29 沧浪亭局部　　图6-30 沧浪亭局部

2. 二仙亭（图6-31）

虎丘二仙亭原为宋代建筑，清嘉庆年间重建，因全用花岗石建造，又名石亭。二仙亭的"二仙"指陈抟和吕洞宾。陈抟，自号扶摇子，赐号希夷先生，五代宋初道人。举进士不第，隐居武当山、华山，精通玄妙的内丹修练术。陈抟是道教思想家，创立了以《太极图》《先天图》《易龙图》《无极图》为主体的"先天易学"，开拓了宋代《易》学研究新思潮。吕洞宾，北宋以前并无其人身世的文字记载，《默记》载，朝廷曾"召天下捕吕洞宾"。吕洞宾为传说人物，元明以来成为"八仙"之一，俗称吕祖。据传，曾与陈抟同隐华山。

今虎丘山之西南，旧有"回仙径"，即传为吕祖游憩处。唐代白居易有"回仙径被烟云锁"之句，相传陈、吕二仙曾在此亭下棋消遣。亭内石碑刻有陈抟、吕洞宾"二仙"之像，镌《纯阳吕祖师自叙碑》《希夷陈祖邻序》。

二仙亭雕饰丰富，有镂空的宝葫芦（图6-32）；有"双龙戏珠"（图6-33）；大小双狮舞绣球（图6-34），喻指代太师、少师；有昂头的蛇（图6-35），凶

凝固诗画——塑雕

图 6-31
二仙亭（虎丘）

图 6-32
二仙亭局部（虎丘）

图 6-33
二仙亭局部（虎丘）

图 6-34
二仙亭局部（虎丘）

猛的狮子（图6-36）；有鹿、鹤、梧桐组合的图案，喻"六合同春"（图6-37）；有结有桃子的果树，衔着灵芝的仙鹤，周围祥云缭绕，喻福寿绵绵（图6-38）；还有如意及磬（图6-39），喻吉庆如意。

图 6-35
二仙亭局部（虎丘）

图 6-36
二仙亭局部（虎丘）

凝固诗画——塑雕

图 6-37
二仙亭局部（虎丘）

图 6-38
二仙亭局部（虎丘）

图 6-39
二仙亭局部（虎丘）

二、石桥

1. 网师园引静桥（图6-40）

引静桥由花岗石修筑，两侧配有石栏，东西各有五个台阶，为苏州园林中最小的石拱桥。石栏上雕饰12枚太极图（图6-41），含阴阳互生之意；桥面中心有一变形涡状拟日纹桥饰（图6-42），是战国晚期常见的纹样：以内圈为中心，向内或向外伸展8~9个涡纹，内圈中向内伸展3~4个涡纹，实为内外燃烧的火球，即青铜器同形拟日纹的变形，近似葵花，亦称葵纹。

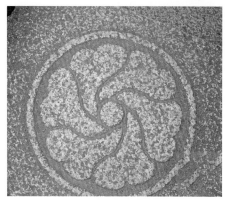

图6-40　引静桥（网师园）
图6-41　引静桥局部（网师园）
图6-42　引静桥局部（网师园）

图6-40
图6-41 | 图6-42

2. 网师园曲桥（图6-43）

网师园曲桥雕饰的如意云纹（图6-44），象征吉祥如意。

图6-43
曲桥（网师园）

图6-44
曲桥局部（网师园）

3. 拙政园桥（图6-45）

拙政园桥身雕刻精美的"卐"字纹及桥面中心雕饰的拟日纹（图6-46），象征万德吉祥。

图 6-45
拙政园桥

4. 天平山桥（图 6-47）

天平山桥栏杆上，雕饰着盛开的荷花及如意头波纹（图 6-48），十分清爽典雅。

5. 虎丘海涌桥（图 6-49）

虎丘海涌桥桥洞两侧各雕一个蚣蝮。蚣蝮传为龙的第六子，性喜水，常用来装饰桥柱和流水的孔道，使其永远接触水或昂首观水。

图 6-46　拙政园桥雕饰局部

6. 严家花园桥（图 6-50）

严家花园桥柱上雕饰着荷花纹，桥侧面及桥中心雕饰拟日纹（图 6-51、图 6-52）。

7. 北半园桥（图 6-53）

北半园桥面中心雕饰拟日纹，简洁朴素。

图 6-47
天平山桥

图 6-48
天平山桥局部

图 6-49
海涌桥（虎丘）

第六章 石雕（下）

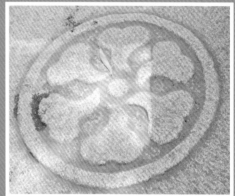

图 6-50
图 6-51 | 图 6-52
图 6-53

图 6-50
严家花园桥

图 6-51
严家花园桥局部

图 6-52
严家花园桥局部

图 6-53
北半园桥

第三节

石构小品雕饰

一、石栏杆

栏杆亦称阑干，是护栏和分割空间的阻隔物。古时纵木为栏，横木为杆，为阻止通行之意。有用石头雕琢而成的石栏杆，有临水游廊和亭榭上的靠背栏杆，还有设于廊柱间的坐凳栏杆等。

1. 石狮

起装饰作用的石栏杆上常雕饰有蹲坐的石狮（图6-54）。

2. 吉祥图案

石栏杆上也常雕饰宝葫芦（图6-55）及蝙蝠纹、荷花纹、如意头纹、祥云纹、拟日纹、蔓草纹等吉祥图案（图6-56~图6-59）。

图6-54　石狮（虎丘）

图 6-55
图 6-56
图 6-57

图 6-55
吉祥图案（狮子林）

图 6-56
吉祥图案（怡园）

图 6-57
吉祥图案（沧浪亭）

图 6-58
吉祥图案（天平山）

图 6-59
吉祥图案（虎丘）

二、花坛、石阶

1. 花坛

　　留园牡丹花坛为明代所建，周边雕饰姿态各异、生动可爱的吉祥动物：扬蹄飞奔的骏马，双狮舞绣球，趴在草地上回首的羊（图 6-60）；或仰卧休息、或奔跑的逍遥自在的马，或认真吃草的羊和马（图 6-61）；两只目光交流的小鹿，卧在竹林旁的石头上休息（图 6-62）；或舔蹄、或嬉戏的梅花双鹿（图 6-63）；小羊或饮水、或抬头鸣叫，似在呼朋唤友（图 6-64）。

图 6-60
图 6-61
图 6-62

图 6-60
花坛（留园）

图 6-61
花坛局部（留园）

图 6-62
花坛局部（留园）

图 6-63　花坛局部（留园）

图 6-64　花坛局部（留园）

2．石阶雕饰

石阶上的雕饰很精美，从图 6-65 夔龙蔓草纹雕饰、图 6-66 龙戏珠雕饰中可见一斑。

图 6-65
石阶局部（虎丘）

图 6-66
石阶局部（天平山）

三、石狮

　　狮子作为压邪镇凶的瑞兽，装饰越来越讲究：狮子颈部挂着响铃和缨须项饰，足下是绣球以及幼狮，是守卫门户、装饰建筑的法权象征。

　　守卫门户的石狮子的位置，遵循雄左雌右的原则（图 6-67），据说，渊源于盘古开天地，化生万物的传说，传说他左眼化为日（阳，男），右眼化为月（阴，女），遂形成男左女右习俗。雄狮子左爪下（一说右前足）有一绣球，是性的象征（图 6-68、图 6-69）；母狮子右爪下（一说左前足）是一只幼仔（图 6-70、图 6-71）。左边的狮子代表太师，是朝廷中最高官阶；右边的狮子代表少师（少保），是王子的年轻侍卫官。因此，人们往往也用石狮来祝福官运亨通、飞黄腾达。石狮子头上的凸块，往往按它所守护的主人官阶而定。

图 6-67
石狮（天平山）

图6-68
石狮（天平山）

图6-69
石狮（虎丘）

图6-70
石狮（虎丘）

图 6-71
石狮（天平山）

四、石凳

石凳作为园林石构小品，雕饰繁简有异：有的古拙天然，很少纹饰；有的雕刻着精美的如意纹（图 6-72~ 图 6-75）、仙卉纹（图 6-76）、团龙纹（图 6-77）、祥云纹等纹饰。

图 6-72
石凳（虎丘）

凝固诗画——塑雕

图 6-73
石凳（虎丘）

图 6-74
石凳（虎丘）

图 6-75
石凳（虎丘）

第六章　石雕（下）

图 6-76
石凳（耦园）

图 6-77
石凳（虎丘）

五、石桌、鼓凳、柱础

留园石桌和鼓磴为明代留存，靠着斑驳的墙面，更显古朴。其桌面无纹饰，鼓磴上饰牡丹花纹（图 6-78）；拙政园石桌呈扇面形，纹饰亦为折扇纹，鼓凳上部雕饰云雷纹，十分质朴典雅（图 6-79）；耦园石桌为方形，桌沿雕饰如意纹，鼓磴上雕饰牡丹花纹（图 6-80）；怡园石桌显得富丽精致，底座雕刻的如意头纹又似莲瓣，中段亦饰如意头纹围合成海棠花纹样（图 6-81）。

图 6-82、图 6-83 柱础上部雕饰荷花纹，好似一朵盛开的荷花，下部饰如意头纹，采用佛教吉祥纹样；图 6-84 柱础上部雕饰如意纹、回纹，中间如意纹上饰荷花、麒麟凤凰、月季花等，下面雕饰双手举物品于头顶的人物；图 6-85 是圆明园的碉栓落于苏州拙政园的，柱础上雕刻着硕大的如意头纹叠压着牡丹花纹，一蝙蝠张开双翅，口衔三颗柿子，喻事事如意，富贵幸福。

图6-78
石桌、鼓磴
（留园）

图6-79
石桌、鼓磴
（拙政园）

图6-80
石桌、鼓磴
（耦园）

第六章 石雕（下）

图 6-81
石桌（怡园）

图 6-82
柱础（艺圃）

图 6-83
柱础（拙政园）

图 6-84　柱础（艺圃）　　　　　　　　图 6-85　柱础（拙政园）

六、地面

1. "长寿如意"

图 6-86 为龟背形井盖，把手为如意，寓长寿如意等吉祥含义。

2. 拟日纹

苏州园林地面石材常雕饰吉祥图案，图 6-87 是雕刻在石板上的拟日纹，象征光明和忠诚。

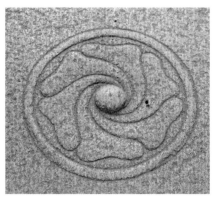

图 6-86　长寿如意（春在楼）　　　　　图 6-87　拟日纹（沧浪亭）

3. "吉祥如意"

图 6-88 由和合如意、平升三级、喜鹊登梅三种吉祥图案组成；瓶中插三戟，借用了"瓶"与"平""戟"与"级"的谐音。戟在古时是地位尊贵的象征，过去的仕宦人家或富商大贾，案头古瓶中常插银戟，以图吉利。瓶中三戟，中为双

图 6-88　吉祥如意（陈御史花园）

月牙方天戟，两旁各斜插一单月牙青龙戟，既是装饰品，又可作镇邪之用的吉祥物，表达了人们官运亨通、平升三级的愿望和对美好生活的期盼。

4."福寿双庆"

图 6-89 菱形寿字居中，四组大小不一的蝙蝠围绕寿字，主题突出；图 6-90 蝙蝠衔磬，寿桃烘托，四角蝙蝠环绕，喻福寿双庆。

图 6-89　福寿双庆（陈御史花园）

5."五福捧寿"

图 6-91 为典型的"五福捧寿"图案，即五只蝙蝠围住一个"寿"字。"五福"即一求长命百岁，二求荣华富贵，三求吉祥平安，四求行善积德，五求人老寿终。

图6-90
福寿双庆（陈御史花园）

图6-91　五福捧寿（陈御史花园）　　　　图6-92　荷花（寒山寺）　　　　图6-93　荷花（寒山寺）

6. 荷花

图6-92、图6-93为寒山寺地面雕饰。荷花即莲花，是佛花，《华严经·探玄记》曰："如世莲花，在泥不染，譬法界真如，在世不为世法所染。"

第七章

塑雕技艺

本书所称"塑雕",指堆塑、砖雕和石雕。本章讲述堆塑技艺和砖雕、石雕技艺。

第一节

堆塑技艺

堆塑,也称灰塑或堆灰,是从砖雕和泥塑两种技艺派生出来的一种室外传统建筑装饰艺术,主要体现在墙面、屋顶装饰上。

"五脊六兽"是最常见的一种堆塑。古建筑的屋顶由一条正脊和四条垂脊组成,统称五脊。在五脊之上安放六种人造的兽,"六兽"包括螭吻、望兽、骑凤仙人、垂兽、戗兽、走兽。

但筑脊造型和走兽数量,都有严格的等级规定。筑脊有龙吻脊、鱼龙吻脊、哺龙脊、哺鸡脊、凤凰脊、纹头脊、甘蔗脊等。龙吻脊级别最高,出现在皇家和寺观建筑上,苏州西园戒幢律寺,寺名为皇帝"敕赐",寺的牌楼上用了"龙吻脊"(图7-1)。

苏式建筑螭吻主要有鱼龙吻脊(图7-2)、纹头脊(图7-3)、哺龙脊(图7-4)、哺鸡脊(图7-5)、凤凰脊、甘蔗脊等。鱼龙吻兽,取鱼跃龙门之意,但不能变成真龙天子,就变成一种鳌鱼。但此种鱼龙多是由工匠现场堆塑而成,形状没有规制,由工匠随心所欲创作发挥。

走兽是古建筑上屋檐和戗脊上安装的装饰物,也叫小兽、蹲兽、飞鱼海马。按建筑等级和用途来确定使用数量,建筑身份越尊贵用

图7-1 龙吻脊(敕赐西园戒幢律寺)

图 7-2 鱼龙吻脊

图 7-3 纹头脊

图 7-4 哺龙脊

图 7-5 哺鸡脊

的走兽数量越多。走兽最多的是故宫太和殿 10 个（图 7-6），分别是：龙、凤、狮子、天马、海马、狎（xia）鱼、狻猊（suan ni）、獬豸（xie zhi）、斗牛、行（hang）什。这些走兽都有美好的寓意。"龙"能够行云布雨，象征着风调雨顺，同时也象征着皇权。"凤"代表着吉祥富贵。"狮子"可以除妖辟邪护法。"天马"代表着尊贵权威和智慧。走兽前面，重脊最顶端的就是骑凤仙人了。相传，这位仙人是东周闵齐王的化身，民间有俗语"日晒闵王，走投无路"的说法，闵齐王被燕国大将乐毅打败，仓皇出逃，在走投无路的时候，飞来一只凤凰。闵齐王骑着凤凰度过大河，最终逢凶化吉。将骑凤仙人安排在首位，有腾空飞翔，祈愿吉祥的寓意。

地方建筑上的走兽就很少了，苏州盘门城门有三个走兽（图 7-7）。苏州园林建筑一般没有走兽。

堆塑是苏州香山帮技艺中难度最高、工艺最复杂、文化内涵较为深刻的工艺之一。从业人员不仅要具有专业技术，还要具有一定的古建筑传统文化的修养、江南古建筑的传统规范和绘画基础，堆塑造型时，要注重大小比例、视觉感受、形象细节等的逼真和传神。

传统的堆塑以钢丝为骨，以苎麻为筋，以细蛎灰、络麻筋成型。表现形式有

图 7-6　故宫太和殿走兽

图 7-7　走兽（苏州盘门）

多层式"立体"堆塑、浮雕式"半沉浮"堆塑、也有图雕式单个造型"单体"堆塑等。

堆塑的材料有生石灰、纸筋、稻草、矿物质颜料、钢钉、钢线等，其中，生石灰和颜料都是制作堆塑的主材料，钢钉和铜钱、钢线做骨架，稻草则在最后的造型打底步骤使用。首先在地面上画出形状，并且根据形状折轧钢丝形成骨架。接着，用搅拌均匀的水泥和钢丝把堆塑骨架固定牢。定粗坯造型，是至关重要的一步，也是最考验手艺的一步。从头部开始，依次是身体、尾部，按照钢丝折轧成的骨架造型，以搅拌的生石灰堆塑粗坯造型。堆塑时，一边将生石灰堆起、定型，一边用长长的纸筋缠绕周边。操作时，师傅还要不时从屋顶上下来，远距离观望塑造的形象，注意堆塑造型与仰视角度是否和谐，稍有不妥之处，再重新调整。建模完成后就是刻画细节了，这时要求更为精致，师傅还是要不停近观远望，琢磨调节。

因为原材料的特性，堆塑能吸收和排放水汽热量，循环平衡自身和周围的湿度温度，具有耐酸、耐碱、耐高温等特点。

堆塑装饰的位置只有单调的屋脊，和砖雕运用的丰富场景不能相提并论。

堆塑工艺，不仅注重图案的形式美，还重视图案的意义美。所以，堆塑的题材十分丰富，一般有山水风景、花鸟鱼虫、祥禽瑞兽、历史人物典故、神话故事、书法文字等，令人眼花缭乱。

如宗祠戏台屋面上，多传统剧目，如岳家军、关羽等戏剧题材塑像。为了便于观众从下往上观看，匠人将精微的堆塑适当前倾，人物堆塑适当放大面部比例，这些微妙的调整，让堆塑得到了更好的展示，房屋也随之熠熠生辉。堆塑的釉彩丰富，并且都有着鲜明的传统汉民族特色，主要有黄、绿、宝蓝、白五色等。远远望去，在天空中渲染出一道亮丽的色彩，日晒雨淋形成自然包浆，在明媚阳光的照耀下，愈加鲜亮夺目。

堆塑作品既神情兼备、富华雅致，又风格独特，饱含深意，传达了人们对美的追求和祈求吉祥纳福的朴素感情。比如，堆塑图案中有一株莲荷配一只鹭鸶，寓意为"一路连科"，也有"独占鳌头"，希望家族子嗣金榜题名，"凤栖牡丹"（图7-8）等，人们透过它，可以了解到了民间的社会风尚、审美情趣和民风民俗。

图 7-8　凤栖牡丹

第二节

砖雕技艺

　　砖雕是中国建筑的一种独特艺术，由东周瓦当、空心砖和汉代画像砖发展而来。诞生在崇尚装饰的江南水乡的香山帮尤精此道，他们将雕刻技艺与建筑艺术融于一体，是古建筑雕刻中很重要的一种艺术形式。

　　苏州砖雕有"捏活""刻活"之分。"捏活"，先把精心调和及配制而成的黏土，用手和模具捏成各种造型，然后入窑焙烧而成。作品大多独立成型，如龙、凤、麒麟等，多用于屋脊之上。"刻活"即在青砖上用刻刀制成各种图案，工艺比"捏活"复杂得多。

　　砖雕的雕造工艺都经过制胚、烧炼、雕刻几道工序。砖雕技法操作次序据《营造法原》云："先将砖刨光，加施雕刻，然后打磨，遇有空隙则以油灰填补，随填随磨，则其色均匀，经久不变。砖料起线，以砖刨推出，其断面随刨口而异，分为混面、亚面、文武面、木角线、合桃线等。"下面讲的主要是"刻活"。具体步骤如下。

　　一是选砖、加工。砖料敲试声音清脆、质地均匀、密实，最好选用沥浆砖，无色差。明朝王鏊《正德姑苏志》："窑砖出齐门外六里陆墓镇，坚细异他处。工部兴作，多于此烧造。"苏州陆墓地区的黄泥适宜制坯成砖，且做工考究、烧制有方、技艺独特，所产金砖细腻坚硬，有"敲之有声，断之无孔"之美誉，被称为"金砖"。然后再按要求尺寸刨面、夹缝、兜方，大面与侧面垂直成 90 度。

二是绘稿、上样。绘稿即在纸上勾画，将勾画好的图案 1∶1 上浆，贴在砖料上（多块组合的需组装贴样），图稿一式二份，一份贴在砖料上，一份供雕刻时参考。

三是打坯。留线去水塘（空当）之地方，再进行图案雕刻。把所需雕刻的人物、花草、动物等轮廓、造型准确地刻画出来。"压"出高低，不能一次雕刻到位，可根据备样随雕随画，分层雕刻。

四是修光、破面。可分两步进行：先地（底）后面，在坯料的基础上，进一步加工、完善造型，然后"修光""开相""破面抄筋"修整。

五是试组装、接线。多块组合的砖雕作品，在单块雕刻时，拼接处打好坯后补雕琢，试组装后统一雕刻。

六是砖坯较脆，在雕刻过程中难免有暴口等情况，还有砖本身的质量（砂眼、喜珠窟），需用砖细灰补填，再修、雕、磨。

江南砖雕有圆雕、透雕、浮雕等工艺。

一、圆雕

圆雕又称立体雕，是指非压缩的，可以多方位、多角度欣赏的三维立体雕塑。圆雕是艺术在雕件上的整体表现，观赏者可以从不同角度看到物体的各个侧面。它要求雕刻者从前、后、左、右、上、中、下全方位进行雕刻。

圆雕的手法与形式也多种多样，有写实性的与装饰性的，也有具体的与抽象的，户内与户外的，架上的与大型城雕，着色的与非着色的等；雕塑的内容与题材也是丰富多彩，可以是人物，也可以是动物，甚至是静物。

如果是群像，观众绕雕塑一圈，则可以看到前后左右各个人物的不同动态和思想感情，从而引起丰富的联想。就圆雕来说，它不适合表现自然场景，却可以通过对人物的细致刻画来暗示出人物所处的环境。如通过衣服的飘动表现风，通过动态表现寒冷，通过表情和姿势表现出是处在何种环境之中。龙门石窟、东山的浮雕罗汉像都是范例。

由于圆雕表现手段是极精练的，所以它要求高度概括、简洁，要用诗一般的语言去感染观众，正因为如此，硬要它去表现过于复杂、过于曲折、过于戏剧化的情节，将无法体现圆雕的特点。由于圆雕是空间的立体形象，可以从四面八方去观看，这就要求从各个角度去推敲它的构图，要特别注意它形体结构的空间变化。圆雕虽是静止的，但它可以表现运动过程，可以用某种暗示的手法使观者联想到已成过去的部分，也可以看见将要发生的部分。

形体起伏是圆雕的主要表现手段，雕塑家可以根据主题内容的需要，对形体起伏大胆夸张、舍取、组合，不受常态的限制。形体起伏就是雕塑家借以纵横驰骋的广阔舞台。

总之，圆雕要求精而深，强调"以一当十""以少胜多"，既要掌握雕塑艺术语言的特点，又要敢于突破、大胆创新。

圆雕作品极富立体感，生动、逼真、传神。

圆雕一般从前方位"开雕"，同时要求特别注意作品的各个角度和方位的统一、和谐与融合，只有这样，圆雕作品才经得起观赏者全方位地"透视"。

镂雕细坯，这道工序是为纠正前道工序的不足并加强细节部分的刻画。可使用较小的平凿与圆凿，依次刻出人物形体结构、脸部特征表情和衣纹的虚实关系，尤其是在处理人物衣裙方面，讲究虚实、动静、湿干、曲直、聚散、挂垂等表现方法。

修光，是一道精致的工序，是在细坯的基础上进一步加工，但又不是简单地重复。修光的任务是把不需要的刀痕凿迹修去，同时把各个部分的细微造型刻画清楚，力求达到光洁滑爽、质感分明的艺术效果。修光的工具使用小平刀、小圆刀、三角刀等。

二、浮雕

浮雕，是在平面上雕刻出凹凸起伏形象的一种雕塑，是半立体型雕刻品，是介于圆雕和绘画之间的艺术表现形式。浮雕的空间构造可以是三维的立体形态，也可以兼备某种平面形态；既可以依附于某种载体，又可相对独立地存在。雕刻者在砖平面上将他要塑造的形象雕刻出来，使它脱离原来材料的平面，用压缩的办法来处理对象，靠透视等因素来表现三维空间，并只供一面或两面观看。浮雕一般是附属在另一平面上的，因此在建筑上使用更多，用具器物上也经常可以看到。由于其压缩的特性，所占空间较小，所以适用于多种环境的装饰。近年来，它在城市美化环境中的地位越来越重要。浮雕在内容、形式和材质上与圆雕一样丰富多彩。

浮雕的雕刻技艺和表现体裁与圆雕基本相同。古今很多大型纪念性建筑物和高档府第、民宅都附有此类装饰，其主要作品是壁堵、花窗和龙柱（早期）及柱础等。

一般来说，为适应特定视点的观赏需要或装饰需要，浮雕相对圆雕的突出特征是经形体压缩处理后的二维或平面特性。浮雕与圆雕的不同之处，在于它相对的平面性与立体性。它的空间形态是介于绘画所具有的二维虚拟空间与圆雕所具有的三维实体空间之间的所谓压缩空间。压缩空间限定了浮雕空间的自由发展，在平面背景的依托下，圆雕的实体感减弱了，而更多地采纳和利用绘画及透视学中的虚拟与错觉来达到表现目的。与圆雕相比，浮雕多按照绘画原则来处理空间和形体关系。但是，在反映审美意象这一中心追求上，浮雕和圆雕是完全一致的，不同的手法形式所显示的只是某种外表特征。作为雕塑艺术的种类之一，浮雕首先表现出雕塑艺术的一般特征，即它的审美效果不但诉诸视觉而且涉及触觉。与此同时，它又能很好地发挥绘画艺术在构图、题材和空间处理等方面的优势，表现圆雕所不能表现的内容和对象，譬如事件和人物的背景与环境、叙事情节的连续与转折、不同时空视角的自由切换、复杂多样事物的穿插和重叠等。平面上的雕凿与塑造，使浮雕可以综合雕塑与绘画的技术优势，使浮雕的塑造语言比之其他雕塑尤其是圆雕具有更强的叙事性，同时又不失一般雕塑的表现性。

压缩空间的不同程度，形成浮雕的两种基本形态——高浮雕和浅浮雕。

（1）高浮雕。高浮雕也称深浮雕，图案凸出雕面大于五厘米，由于起位较高、较厚，形体压缩程度较小，因此其空间构造和塑造特征更接近于圆雕，甚至部分局部处理完全采用圆雕的处理方式。高浮雕往往利用三维形体的空间起伏或夸张处理，形成浓缩的空间深度感和强烈的视觉冲击力，使浮雕艺术对于形象的塑造具有一种特别的表现力和魅力。艺术家将圆雕与浮雕的处理手法加以成功的结合，充分地表现出人物相互叠错、起伏变化的复杂层次关系，给人以强烈的、扑面而来的视觉冲击感。

（2）浅浮雕。浅浮雕起位较低，形体压缩较大，平面感较强，更大程度地接近于绘画形式。（图7-9）它主要不是靠实体性空间来营造空间效果，而更多地利用绘画的描绘手法或透视、错觉等处理方式来造成较抽象的压缩空间，这有利于加强浮雕适合载体的依附性。浮雕空间压缩程度的选择，通常要考虑表现对象的功能、主题、环境位置和光线等因素，其中环境与光线因素起着决定性作用。优秀的雕塑家总能很好地处理这些关系，从而使作品获得良好的视觉效果。

在充分表达审美思想情感的基本创作原则之下，浮雕的不同形态各有艺术品格上的侧重或表现的适应性。一般地说，高浮雕较大的空间深度和较强的可塑性，赋予其情感表达形式以庄重、沉稳、严肃、浑厚的效果和恢宏的气势；浅浮雕

图7-9 浅浮雕

则以行云流水般涌动的绘画性线条和多视点切入的平面性构图，传递着轻音乐般的平和情调和抒情诗般的浪漫柔情。

三、透雕

透雕在浮雕的基础上，镂空其背景部分，大体有以下两种：

一是在浮雕的基础上，一般镂空其背景部分，有的为单面雕，有的为双面雕。一般有边框的称"镂空花板"。

二是介于圆雕和浮雕之间的一种雕塑形式，也称凹雕、镂空雕或者浮雕。

透雕也称"透活"，主要做法是将砖的某些部位凿透，从而使砖雕作品表现得更逼真。将"地"钉透叫"竖透"；横向镂空叫"横透"。如果砖雕作品的全部或局部未透窟窿，但砖雕内多处被镂空，立体效果强烈，这样的作品局部也称"透雕"。

砖雕分为"窑前雕"和"窑后雕"，"香山帮"的砖雕装饰大多为"窑后雕"。砖雕装饰的画面中，图案错落有致、层次分明，雕刻玲珑剔透、栩栩如生，凸显了高超的艺术才能。

清代砖雕注重情节和构图，"以刀代笔"，雕刻手法多样，层次丰富，玲珑剔透，细致入微。刀工整齐有力、线条流畅、柔和。清代将雕刻的工细全集中到了门楼上，塞口墙的部分为粉墙黛瓦。砖雕的其他载体还有影壁，即在民居建筑的前面设有的挡墙，又称"照壁"。较为考究的影壁，通体用砖细贴面，四角设有角花，中心有砖雕的图案，题材多为吉祥如意的纹饰。等级低一些的影壁，常用白石灰刷壁面的中心，与四面的青砖相对应，朴素而文雅。照墙的门楣上有金钱卷草纹砖雕，上施仿木斗拱，承檐脊。形似扁担式样的混水瓦脊称为"皮条脊"。磨砖对缝的影壁是极为工细的一种做法。

像清代砖雕这样层次丰富的雕刻并不是一次雕刻到位，而是在把各种形象勾画出来后，首先"压"出高低，再根据备样随雕随画，分层雕刻。因此，心灵手巧的雕花匠人，还应具备一定的美术功底，首先做到"心中有样"，才能挥刀自如。"香山帮"的水作匠人技艺精湛，"用刻刀好似挥笔泼墨"一般，将人物、动物或植物、花卉的形象娴熟地雕刻于门楼等处，图案匀称、优美，人物表情自然生动，构图均匀且极富笔墨之趣。苏州砖雕图案题材广泛，有以神话传说、戏曲故事、民间风俗等为内容的人物题材；瑞兽、虫鸟为内容的动物题材；灵木花卉题材；锦纹装饰等吉祥图案，集自然景物、书法、雕刻艺术于一体，使建筑显得典雅高洁。

门楼的样式有"三飞砖门楼""牌科门楼"二式，做工精细，雕刻华丽。匾额周围通常以香草、如意、回纹、云纹等装饰，秀逸、典雅。成为祈福颂德、寄情于物的最佳物质载体，还可传代久远。屋面形式也常采用具有飞动之美的歇山式屋面。八字垛头式门楼较为阔气，门楼以下是砖细贴面的八字垛头式构造，而下设细柱的则被称为"流柱衣架锦式"，柱面宽5寸，凸出墙面2.5寸，下做合盘式鼓磴，稍显单薄。无论门楼还是墙门的都是每一幢建筑的门面所在，也是主人身份、审美的象征所在，一般处于住宅部分的每一进房屋的入口处，根据所处位置的不同雕刻的繁简程度也大不相同。下为山塘雕花楼门楼（图7-10）。

苏州砖雕秀雅清新，刻工精良，空间层次丰富，气韵生动，意境深远，富于文人趣味，具有写实的风格和装饰的趣味。在设计上往往借鉴传统的鸟瞰、散点透视等进行构图。画面讲究突出主题、层次分明，布局宾主有序、疏密有致，给人以艺术的享受。

图7-10　山塘雕花楼门楼

第三节

石雕技艺

石雕，指用各种可雕、可刻的石头，创造出具有一定空间的可视、可触的艺术形象，借以反映社会生活、表达艺术家的审美感受、审美情感、审美理想的艺术。

石雕的历史可以追溯到距今一二十万年前的旧石器时代中期，沿传至今。在这漫长的历史进程中，石雕由草创时期的实用简陋逐步形成一整套传统技艺：石雕传统技艺始于汉，成熟于魏晋，在唐朝流传开来。不同时期，石雕在类型和样式风格上都有很大变迁；不同的需要、不同的审美追求、不同的社会环境和社会制度，都在制约着石雕创作的发展演变。石雕的历史是艺术的历史，也是文化内涵不断丰富的历史，更是形象生动而实在的人类历史的组成部分。

石雕常用的雕刻石材有花岗石、大理石、青石、砂石等。天然石材质量坚实，耐风化，因而除了石塔、石桥、石坊、石亭、石墓，更广泛地应用于建筑构件和装饰上。大体分为三类：一是作为建筑构件的门框、栏板、抱鼓石、台阶、柱础、梁枋、井圈等；二是作为建筑物附属体的石碑、石狮、石华表以及石像生等；三是作为建筑物中的陈设，如石香炉、石五供等。

姚承祖《营造法原》有记载："苏州用石，有金山石、焦山石、青石及绿豆石等数种。"金山石及焦山石都属于花岗岩。金山石因产于吴县木渎金山而得名，此石石质坚硬，纹理细密，颜色微白带青，其中有小黑点的"芝麻石"，光泽亮丽，列为上品。金山石耐酸耐腐蚀，抗压力强，多适用于台基、阶条石、地面等。焦山亦名大焦山，位于苏州市西郊，灵岩山以北，地处吴中区木渎镇。焦山石石性比金山石柔润，石纹较粗（含长石多），石中有细小的空隙，黑点较多，色带淡黄，宜作墙、柱、鼓磴、阶沿等。青石，又称石灰石，纹理细致，石性较花岗石柔润，可作浅雕，一般用于石栏及金刚座，也用作阶台及阶沿。苏州西山所产的青石，颜色有灰色、黑色、微褐色、蓝黑色四种，其中以黑色为上品。绿豆石是沙石的一种，不能承重，易雕刻，多用于牌坊的花枋、字碑等。

原料石从山石开采出来后经分裂、整形、双细、毛錾等工序后，方能形成需要的形态。《营造法原》记述："造石次序分：双细、市双细、錾细、督细等数种。出山石坯，棱角高低不均，就山场剥凿高处，成为双细。其出山石料未经剥凿，而料加厚，运至石作后剥高去潭者，成为出潭双细。经双细之料，由石作再加錾凿一次，令深浅齐均，称为市双细。如再以錾斧密布斩平，则称錾细。再用蛮凿细督，使面平细，称为督细，俗称为出白。石料边沿凿一路光口，宽约寸余，称为勒口。"

石雕雕刻设计手法多种多样，可以分为浮雕、圆雕、沉雕、影雕、镂雕、透雕。

（1）浮雕。浮雕即在石料表面雕刻有立体感的图像，是半立体型的雕刻品。因图像浮凸于石面而称浮雕。根据石面脱石深浅程度的不同，又分为浅浮雕及高浮雕。浅浮雕是单层次雕像，内容比较单一，没有镂空透雕。高浮雕是多层次造像，内容都较繁复，多采取透雕手法镂空，更能引人入胜。浮雕多用于建筑物的墙壁装饰，还有寺庙的龙柱、抱鼓等。

（2）圆雕。圆雕是单体存在的立体拟造型艺术品，石料每个面都要求进行加工，工艺以镂空技法和精细剁斧见长。雕件种类很多，多数以单一石块雕塑，也有由多块石料组合而成的。雕体发展了多种微型产品，有的小似果核，有的薄如蝉翼，更是巧夺天工，被称为"微雕"。产品已完全脱离建筑实用而成为纯工艺品，由于小巧而更便于携带，为纪念性珍品，发展前景甚佳。

（3）沉雕。沉雕又称"线雕"，即采用"水磨沉花"雕法的艺术品。雕法吸收中国画与意、重叠、线条造型散点透视等传统笔法，石料经平面加工抛光后，描摹图案文字，然后依图刻上线条，以线条粗细深浅程度，利用阴影体现立体感。产品多数用于建筑物的外壁表面装饰，有较强的艺术性。

（4）影雕。影雕是在早年的"针黑白"工艺基础上发展起来的新工艺品。（"针黑白"就是用针一样的小合金钢头工具，根据黑白明暗成像原理，用腕力调节针点疏密粗细、深浅和虚线变化表现图像。）最早的作品是 20 世纪 60 年代末由惠安艺人创作的，因作品都以照片依据，故称"影雕"。这种雕件以玉晶湖青石切锯成平板作为材料，先把表面磨光，利用其经琢凿能显示白点的特性，以尖细的工具琢出大小、深浅、疏密不同的微点，仅分黑白的不同层次，使图像显示出来，不但细腻逼真，而且独具神韵，是石雕向纯艺术化的发展，为石雕工艺生产开辟了新的道路。

（5）镂雕。镂雕也称镂空雕，即把石材中没有表现物像的部分掏空，把能表现物像的部分留下来。镂雕是圆雕中发展出来的技法，它是表现物像立体空间层次的寿山石雕刻技法。古代石匠常常雕刻口含石滚珠的龙。龙珠剥离于原石材，比龙口要大，在龙嘴中滚动而不滑出。这种在龙钮石章中活动的"珠"就是最简单的镂空雕。

（6）透雕。在浮雕作品中，保留凸出的物像部分，而将背面部分进行局部镂空，就称为透雕。透雕与镂雕、链雕的异同表现为，三者都有穿透性，但透雕的背面多以插屏的形式来表现，有单面透雕和双面透雕之分。单面透雕只刻正面，双面透雕则将正、背两面的物像都刻出来。不管单面透雕还是双面透雕，都与镂雕、链雕有着本质的区别，那就是镂雕和链雕都是 360 度的全方位雕刻，而不是正面或正反两面。因此，镂雕和链雕属于圆雕技法，而透雕则是浮雕技法的延伸。

此外，古往今来的石雕艺匠还创作了一些圆、浮、沉各种手法兼具的雕件。这类雕件都表现出较复杂的内容，因此采取浮中有沉、沉中有浮、圆中有沉浮的技法。

石雕加工工序一般分：石料选择、模型制作、坯料成型、制品成型、局部雕刻、抛光、清洗、制品组装验收和包装。而加工这些石雕制品，其传统的手工加工技法有以下四种：

（1）捏。捏就是打坯样，"打坯"是第一道程序，也是创作设计过程。有的雕件打坯前先画草图，有的先捏泥坯或石膏模型。打完"泥稿"后，再正式在石材上"打坯"。目的是确保雕品的各个部件能符合严格的比例要求，然后再动刀雕刻出生动传神的作品。

（2）镂。镂就是根据线条图形先挖掉内部无用的石料。

（3）剔。别称"摘"，就是按图形剔去外部多余的石料。

（4）雕。雕就是最后进行仔细的琢剁，使雕件成型。

石雕技艺在我国用得最多的有宫殿和园林石雕、寺庙神殿、石桥石雕、石阙和牌坊石雕、塔建筑石雕、石书雕刻、石狮石刻。这几类石雕刻艺术，往往在一座大的建筑中包罗有两种或几种，如寺庙石雕中常包含碑、坊、塔、狮等多种石刻，其相互衬托、装饰浑然一体，形成一套完整的石雕群体艺术。

苏州石雕图案体裁有单幅式、组合式两种。单幅式是一个物件雕一种纹饰，如出淤泥而不染的荷花，除此之外别无他物。组合式是一个物件雕有两种以上实物，如暗八仙、八宝图等。苏州石雕图案内容多为福禄寿喜等题材，通过借喻、双关、比拟、谐音、象征等表现手法，表达人们的美好愿望。

石头虽然是重物，但经过装饰轻松活泼的吉祥图案，给人以虽重犹轻的美感。如祥云中矫健的飞龙，活泼有趣的狮子舞绣球，浪花中嬉戏的游鱼，娇美之态的花卉，临风之姿的树木等，整体构造上具有一种和谐的韵律和跃动的活力。

苏州石雕的艺术风格，不以古拙雄浑取胜，而以精致秀美见长，造型逼真，手法圆润细腻，纹式流畅洒脱，融技巧与艺术、实用和美观为一体。苏州园林抱鼓石鼓面雕刻的石狮子、桥上的石狮子、守卫门户的石狮子等造型，多是柔和温顺的神态，而非威武昂扬的姿态，因此苏式狮子俗称"笑狮"，充分体现了苏州人温婉的性格。

苏州园林为什么会成为中华的文化经典？我们策划这套由七部著作组成的系列，就是企图从宏观和微观两个维度来解答这个问题。宏观是从全局的视角揭示苏州园林艺术本质及其艺术规律；微观则通过具体真实的局部来展示其文化艺术价值，微观是宏观研究的基础，而宏观研究是微观研究的理论升华。

《听香深处——魅力》就是从全局的视角，探讨和揭示苏州园林永恒魅力的生命密码；日本现代著名诗人、作家室生犀星曾称日本的园林是"纯日本美的最高表现"，我们更可以说，中国园林文化的精萃——苏州园林是"纯中国美的最高表现"！

本系列的其他六部书分别从微观角度展示苏州园林的文化艺术价值：

《景境构成——品题》，通过解读苏州园林的品题（匾额、砖刻、对联）及品题的书法真迹，使人们感受苏州园林深厚的文化底蕴，苏州园林不啻一部图文并茂的文学和书法读本，要认真地"读"。《含情多致——门窗》《吟花席地——铺地》《透风漏月——花窗》《凝固诗画——塑雕》和《木上风华——木雕》五书，则具体解读了触目皆琳琅的园林建筑小品：千姿百态的门窗式样、赏心悦目的铺地图纹、目不暇接的花窗造型、异彩纷呈的脊塑墙饰、精美绝伦的地罩雕梁……

我与研究生们及青年教师向净一起，经过数年的资料收集，包括实地拍摄、考索，走遍了苏州开放园林的每个角落，将上述这些默默美丽着的园林小品采集汇总，又花了数年时间，进行分类、解读，并记述了香山工匠制作这些园林小品的具体工艺，终于将这些无言之美的"花朵"采撷成册。

分类采集图案固然艰辛，但对图案的文化寓意解读尤其不易。我们努力汲取学术界最新研究成果，希望站在巨人肩头往上攀登，力图反本溯源，写出新意，寓知识于赏心悦目之中。尽管一路付出了艰辛的劳动，但距离目标还相当遥远！许多图案没有现成的研究成果可资参考，能工巧匠大多为师徒式的耳口相传，对耳熟能详的图案样式蕴含的文化寓意大多不知其里，当代施工或照搬图纹，或随机组合。有的图纹十分抽象写意，甚至理想化，仅为一种形式美构图。因此，识别、解读图纹的文化寓意，更为困难。为此，我们走访请教了苏州市园林和绿化管理局、香山帮的专业技术人员，受到不少启发。

今天，在《苏州园林园境》系列出版之际，我们对提供过帮助的苏州市园林和绿化管理局的总工程师詹永伟、香山古建公司的高级工程师李金明、苏州园林设计院贺凤春院长、王国荣先生等表示诚挚的谢意！还要特别感谢涂小马副教授，他是这套书的编外作者。无私地提供了许多精美的摄影作品，为《苏州园林园境》系列增添了靓丽色彩！

感谢中国电力出版社梁瑶主任和曹巍编辑对传统文化的一片赤诚之心和出版过程中的辛勤付出！

虽然我们为写作《苏州园林园境》系列做了许多努力，但在将园境系列丛书奉献给读者的同时，我们的心里依然惴惴不安，姑且抛砖引玉，求其友声了！

最后，我想借法国一条通向阿尔卑斯山的美丽小路旁的标语牌提醒苏州园林爱好者们："慢慢走，欣赏啊！"美学家朱光潜先生曾以之为题，写了"人生的艺术化"一文，先生这样写道：

> 许多人在这车如流水马如龙的世界过活，恰如在阿尔卑斯山谷中乘汽车兜风，匆匆忙忙地急驰而过，无暇一回首流连风景，于是这丰富华丽的世界便成为一个了无生趣的囚牢。这是一件多么可惋惜的事啊！

人生的艺术化就是人生的情趣化！朋友们：慢慢走，欣赏啊！

曹林娣

辛丑桐月改定于苏州南林苑寓所

凝固诗画——塑雕

（明）计成著，陈植注释. 园冶注释. 北京：中国建筑工业出版社，1988.

（清）李渔. 闲情偶寄. 北京：作家出版社，1996.

刘敦桢. 苏州古典园林. 北京：中国建筑工业出版社，2005.

郭廉夫，丁涛，诸葛铠. 中国纹样辞典. 天津：天津教育出版社，1998.

梁思成. 中国雕塑史. 天津：百花文艺出版社，1998.

沈从文. 中国古代服饰研究. 上海：上海世纪出版集团上海书店出版社，2002.

陈兆复，邢琏. 原始艺术史. 上海：上海人民出版社，1998.

王抗生，蓝先琳. 中国吉祥图典（图案大全）. 沈阳：辽宁科学技术出版社，2004.

中国建筑中心建筑历史研究所. 中国江南古建筑装修装饰图典. 北京：中国工人出版社，1994.

苏州民族建筑学会. 苏州古典园林营造录. 北京：中国建筑工业出版社，2003.

丛惠珠，丛玲，丛鹂. 中国吉祥图案释义. 北京：华夏出版社，2001.

李振宇. 中国古典建筑装饰图案选. 上海：同济大学出版社，1992.

曹林娣. 中国园林艺术论. 太原：山西教育出版社，2001.

曹林娣. 中国园林文化. 北京：中国建筑工业出版社，2005.

曹林娣. 静读园林. 北京：北京大学出版社，2005.

崔晋余. 苏州香山帮建筑. 北京：中国建筑工业出版社，2004.

张澄国，胡韵荪. 苏州民间手工艺术. 苏州：古吴轩出版社，2006.

张道一，唐家路. 中国传统木雕. 南京：江苏美术出版社，2006.

W·爱伯哈德. 中国文化象征词典. 长沙：湖南文艺出版社，1990.

吕胜中. 意匠文字. 北京：中国青年出版社，2000.

亚里士多德. 范畴篇·解释篇. 北京：三联书店，1957.

马林诺夫斯基. 文化论. 北京：中国民间文艺出版社，1987.

李砚祖. 装饰之道. 北京：中国人民大学出版社，1993.

王希杰. 修辞学通论. 南京：南京大学出版社，1996.